WHAT IS BIOLOGY

生物学是什么

吴家睿 著

北京大学出版社
PEKING UNIVERSITY PRESS

图书在版编目(CIP)数据

生物学是什么/吴家睿著. —北京:北京大学出版社,2021.3
(未名·自然科学是什么)
ISBN 978-7-301-31944-4

Ⅰ.①生… Ⅱ.①吴… Ⅲ.①生物学—普及读物 Ⅳ.①Q-49

中国版本图书馆 CIP 数据核字(2021)第 013759 号

书　　　名	生物学是什么	
	SHENGWUXUE SHI SHENME	
著作责任者	吴家睿　著	
策 划 编 辑	杨书澜	
责 任 编 辑	闵艳芸	
标 准 书 号	ISBN 978-7-301-31944-4	
出 版 发 行	北京大学出版社	
地　　　址	北京市海淀区成府路 205 号　　100871	
网　　　址	http://www.pup.cn　　新浪微博:@北京大学出版社	
电 子 邮 箱	zpup@pup.cn	
电　　　话	邮购部 010-62752015　发行部 010-62750672	
	编辑部 010-62750673	
印 　刷　 者	北京中科印刷有限公司	
经 　销　 者	新华书店	
	890 毫米×1240 毫米　A5　6.875 印张　136 千字	
	2021 年 3 月第 1 版　2023 年 11 月第 4 次印刷	
定　　　价	48.00 元	

序

林建华

　　我们大家都已经习惯了现代技术提供的舒适生活，也很难想象在现代科学和技术出现之前，人们是怎么生活的。实际上，人类享有现代生活方式的时间并不长。上个世纪的大多数时期，通信和交通工具并没有现在那样先进和普及，人们等待很长时间，才能得到家人的信息。那时也没有现在充足的食物和衣物，很多地区的人们都在为生存而痛苦挣扎。我们应当感谢现代技术提供的富庶和便捷的生活，也不能忘记这一切背后的科学，正是人们对自然界不懈的科学探索和知识积累，才奠定了现代技术的基础。

　　人们对自然界的探索源于与生俱来的好奇。自然界是由什么构成的？为什么会有日月星辰？各种生物为什么都会生老病死？这些古老的问题一直激励着人们的想象力和好奇心，也引发了人们对大自然的科学探索。从对自然界零星的认知，到分门别类的系统科学研究，从少数人茶余饭后的个人爱好，到千百万科学大军的专业探索，经过了数百年的努力，我们已经构建了像数学、物理学、化学、生物学、地球科学与天文学等众多学科领域,人们对自然界的认知已有了系统的知识体系,形成了各自的科学思维方法和理论体系。正是基于科学的发现和认知,我们才有可能创造出各种各样的新技术,来改变世界、改善人们的生活品质。

现代科学和技术已经深深地嵌入到人们日常的生活和工作中。当我们用微信与朋友聊天的时候,手机和通信系统正在依照数理的逻辑,发生着众多的物理和化学过程。虽然我们不一定直接看到正在发生的科学过程,但它所带来的便捷和新奇,足以让我们对科学和技术的巨大威力感到震撼。通常我们能够直接感知的是由众多技术汇集而成的产品或工程,如雄心勃勃的登月、舒适快捷的高铁、气势宏伟的港珠澳大桥,当然还有舒适温暖的合成衣物、清洁安静的电动汽车和令人眼花缭乱的电子产品。这些琳琅满目的基于科学和技术的产品和服务,支撑了现代人的生活,也使人们对未来充满了期待和遐想。

在带来丰富多彩的物质资源的同时,科学和技术也在深刻影响着人们的思维方式。每个现代人都应当掌握一定的科学知识和科学思维方法,否则将很难适应未来的挑战。我们每天都会遇到很多统计数据,有关于国家和地方社会、经济发展状况的,有介绍人们健康保障的,还有很多产品广告、高回报金融产品宣传等。我们应当知道,真正可信赖的数据必须遵循科学的调查和分析方法。比如,任何科学研究方法都有随机和系统误差，缺少了误差分析，数据的可信度将大打折扣。

科学和技术是双刃剑，在给人们带来福音的同时，也会造成很多新的问题和挑战。资源与能源的过度消耗、环境与生态的持续恶化、对健康和医疗保障的过度需求等，这些都是人类将要面对的重大挑战。举一个简单的例子。人工合成的包装袋、农用地膜、一次性餐具、塑料瓶等塑料制品仍然在广泛使用，这些用品的确为人们的生产生活带来了很多便利。但我们可曾想过，这些由聚苯乙烯、聚丙烯、聚氯乙烯等高分子化合物制成的用品要经过上百年，甚至更长时间才能降解。如果我们长期使用并随意丢弃，人类的地球家园将被这些白色污染物所覆盖。这些问题的解决，不仅需要科学家的努力，还要使全社会都行动起来，更多地了解科学和技术，共同为子孙后代留下一个美好的家园。

过去几十年，中国的社会、经济、科学和技术都取得了长足进步，科学也从阳春白雪进入了寻常百姓家。面向未来，科学和技术在人们的生产生活中将发挥着越来越重要的作用。这要求我们的科学家不仅要探索学科前沿，解决人类面临的重大挑战和问题，还要积极传播科学知识，让社会公众更加了解科学，了解科学的分支和思维方式，了解科学的成就和局限，使科学和技术更好地造福人类。北京大学出版社推出的这套"未名·自然科学是什么"丛书，是一批卓有建树的科学家为普及科学所做的努力。这套书按照自然科学主要领域，深入浅出地介绍了相关学科的基本概念、发展历程及其与我们生活的关系。我希望大家都能喜欢这套书，也相信这套丛书将对普及自然科学知识、提高全民科学素养起到重要的推动作用。

目 录
CONTENTS

　　"生物学是什么"这个问题既有简单的答案，也有复杂的答案。我们不妨从这样一件事来看一下：民国时期的中央研究院在1948年4月1日公布了首届院士名单，共3组81人；其中数理组28人，生物组25人，人文组28人。由此可以得到这样一个简单的答案：生物学是一个很大的学科群，相当于"数理化"或者"人文科学"。

　　从当前的学科现状来看，生物学涵盖了数十门分支学科，大致可以分为四大类。第一类属于宏观生物学，如系统分类学和进化论；第二类属于微观生物学，如分子生物学和细胞生物学；第三类是专门学科，如免疫学和神经生物学；第四类则是交叉学科，如生物物理学和化学生物学。当然，这些学科还可以再进一步细分，如系统分类学可以按照不同生物类型划分为植物系统分类学、动物系统分类学，等等。显然，在这本小书里要去描述或解释这么多的生物学分支学科是不可能的，也没有必要。

　　"生物学是什么"的复杂答案在于要回答"生命是什么"这个根

本性问题。本书试图将笔者在生物学领域数十年的学习和研究过程中逐渐领悟到的"生命观"总结出来,作为一份独特的个人答案,供广大生物学研究人员和爱好者参考。

全书共 5 章,分别从生命的构成本质和生命的运行规律两个层面来进行讨论。就生命的本质而言,主要有两种观点:一种观点为"还原论"(Reductionism),认为生物体与非生物体没有本质区别;与之相对立的观点是"活力论"(Vitalism):生命世界与非生命的无机世界存在着截然不同的界线,生命具有非生物体所没有的特殊性质——"活力"(Vital Force)。

这两种观点的产生可以追溯到古希腊时期。当时的还原论代表是哲学家德谟克利特(Demokritos);在他看来,世间万物都是由原子构成的,生命同样也是由原子所构成。而同时期的哲学家亚里士多德(Aristotle)则持相反的观点,认为在生物体中存在着一种特有的要素——"隐德来希"(希腊语 Entéléchie),意思是完成,即该要素能够让生命形式实现其自我完善之目的。"隐德来希"后来成了活力论的代名词。

从一定的意义上说,生物学的发展史就是由还原论和活力论之间的争论和相互替代推动而形成的[①]。20 世纪中叶,随着物理学和化学等物质科学的介入以及分子生物学的诞生,还原论成为生物学

---

① Mayr E. The autonomy of biology: The position of biology among the sciences [J]. Q. Rev. Biol. 1996, 71: 97 - 106.

的主流,核酸和蛋白质等生物大分子被确认为生命的物质基础。本书的第一章正是围绕着生物大分子而展开:首先从生物大分子的核心元素"碳"的手性特征出发,讨论了生命的有序性;然后进一步分析了生物大分子的构成规则,并在此基础上阐释了生物大分子的结构与功能的关系。

随着研究的深入,尤其是人类基因组计划的实施和系统生物学的诞生,人们逐渐认识到,生物体并非仅仅是一个装载了各种生物大分子的简单容器,而是一个由这些数量巨大且种类繁多的生物大分子间相互作用构成的复杂系统。在新千年到来之际,美国生物学家克尔斯勒(Kirschner M)等人从系统生物学的角度提出了"分子活力论"(Molecular Vitalism),认为由生物大分子构建而成的生物体具有特殊的性质[①]。本书的第五章正是从系统生物学的角度对生命复杂系统的特点进行探讨:生物大分子之间通过复杂的相互作用形成了执行各种生物学功能的动态网络;此外,这些生物大分子间的相互作用极易变化且受环境的影响,从而导致了生命复杂系统的不确定性。

从对生命的运行规律的解释来看,依然是这两种相互对立的观点唱主角。还原论认为生命活动遵循着基本的物理学和化学规律;例如发现 DNA 双螺旋结构的著名科学家克里克(Crick F)就这样

---

① Kirschner M, Gerhart J, Mitchison T. Molecular "Vitalism"[J]. Cell, 2000, 100: 79 - 88.

认为:"现代生物学研究的最终目标是用物理学和化学解释全部生物学现象"。活力论则认为,生命具有其独特的活动规律。奥地利心理学家赖希(Reich W)曾经这样说过:"生命的特征看起来是一种独特的合理而有目的的本能及下意识的活动。"[①]美国进化论学者迈尔(Mayr E)也持同样的观点:生殖、自然选择和遗传学等过程在物理学中没有等价性,也不能简化为物理定律,生物学应该被视为一门独立自主的科学[②]。值得注意的是,这两种观点在奥地利物理学家薛定谔(Schrödinger E)的名著《生命是什么》中都有所反映。作为还原论的倡导者,薛定谔在书中明确指出,对生物体来说,"在它内部发生的事件必须遵循严格的物理学定律"[③];但是,他同时也承认,"根据已知的关于生命物质的结构,我们一定会发现,它的工作方式是无法归结为物理学的普通定律的"[④]。当然,薛定谔依然把解决这一困境的希望寄托于还原论:"我们必须准备去发现在生命活体中占支配地位的新的物理学定律"[⑤]。不过这句话也可以理解为薛定谔为活力论留了一扇后门。

在笔者看来,今天的活力论和还原论不再像过去那样互相对

---

① Mayr E. The autonomy of biology:The position of biology among the sciences [J]. Q. Rev. Biol. 1996,71:97-106.

② Ibid.

③ 埃尔温·薛定谔. 生命是什么[M]. 罗来鸥,罗辽复,译. 长沙:湖南科学技术出版社,2003:8。

④ 同上书,75页。

⑤ 同上书,79—80页。

立、互相隔离，而是相互补充、相互依赖。一方面人们已经意识到，生命活动规律的复杂性不是基于还原论的经典生物学能够完全解释得了的。另一方面则像"分子活力论"所倡导的那样，生命所特有的规律是可以被认识的，尽管这种认识需要全新的理论和全新的视角[①]。本书的第二章对生物体在其遗传信息传递和利用方面的基本规律进行了介绍；第三章试图通过对物种的命名规则、相互关系和演化特征来阐述生命的进化规律；第四章则从生命特有的区域化（Compartmentation）现象出发来解释生命为什么要从原核细胞发展到真核细胞，并进一步发展到多细胞个体。

　　本书不是生物学教科书，也不是生物学历史教材，而是意在表达一种带有个人色彩的生命观。笔者希望通过该书尽可能反映出生命的本质特性和最主要的运行规律，尽可能去揭示生物学的核心任务。书中的一些分析和观点属于非主流，不过同时也打开了一个视角独特的"窗口"，不仅能够帮助外行窥探生物学的主要特征，而且也有可能引发内行对生物学的再认识。

---

　　① Kirschner M，Gerhart J，Mitchison T. Molecular "Vitalism"[J]. Cell，2000，100：79-88.

解析生命的有序性

如果在某次大灾难中，所有的科学知识都将被毁灭，只有一句话能够传给下一代人，我相信那就是原子假说。

——费曼（Feynman R）

面对形形色色的生命，天空的飞鸟、地上的鲜花、水里的游鱼，人们会涌出无数的问题。对生物学家来说，可能会提出这样一个基本问题：构建生命的材料是什么？早期常见的答案是，构成生物体的物质与构成非生物体的物质有着本质上的差别，前者称为有机物，后者称为无机物；因而19世纪之前的化学家大多认为，有机物只能从动植物中提取，而不能通过人工方法用无机物合成。1828年，德国化学家维勒（Wohler F）首次在实验室用氰酸和氨水两种无机物合成了尿素，而这种有机物此前只能从动物排泄物中提取。从那时起，人们认识到，构成生命的物质和非生命的物质之间并没有一个不可逾越的界限。20世纪中叶，在物理学和化学的大力推动下,生物学进入了分子生物学时代,生物学家达成了共识:不同生物体都是用同样类型的分子材料搭建而成,各种生命活动都可以从分子层面给予解释。

1.1 碳原子的秘密

古希腊哲学家德谟克利特在 2000 多年前提出了著名的原子学说,认为自然界存在着不可分割的最小微粒,称为原子;宇宙间万物就是由众多的原子以不同方式排列组合而成;生命也不例外。现代科学关于物质结构的基本理论与古希腊的原子学说的主要观点基本一致,即原子是构成元素的最小单位,并且是构成分子的基本单元。在构成生命的形形色色元素中,碳是最基本和最重要的一种,生命的主要属性可以说都源于碳元素的各种特性。因此,地球上所有生物体又都被统称为"碳基生命"。要了解生命就首先要了解碳原子。

1.1.1 搭建分子的超级"玩家"——碳原子

150 年前,俄国科学家门捷列夫(Mendeleev D)编制了世界上第一个化学元素周期表。为了纪念这一发现,联合国宣布 2019 年为"国际化学元素周期表年"。现在的化学元素周期表上共有 118 种元素,其中碳作为第 6 号元素位于表中的第 2 行第 4 列;这意味着碳原子拥有两个电子层和 6 个电子,其内层具有 2 个电子,外层有 4 个电子。根据价键理论,最稳定的原子应具有 8 个外层电子;因此,碳原子在化学反应中既不容易失去电子,也不容易得到电子,而是通过与别的原子共用双方的外层电子形成共价键(Covalent Bond);碳原子能够形成的最多共价键数为 4。也就是说,碳原子是拥有 4 个可以形成化学键的价电子的最小原子。

碳原子这样的结构决定了其在形成分子过程中的化学键特征。碳原子的价电子到原子核的距离很近,从而对这些用于成键的电子具有较好的控制力,使得以碳原子为骨架形成的化合物通常既不会太活泼而容易分解,也不会太稳定而妨碍可塑性。其他种类的元素都不具备这个特点。例如 14 号元素硅虽然与碳一样在最外层具有 4 个价电子,但由于硅原子有 3 个电子层,比碳原子多了一个,使得其原子核对最外层电子的控制力远小于碳原子核,导致在硅原子搭建的硅骨架上形成的化合物在实际中极其不稳定。尽管有些科幻小说提出了所谓的"硅基生命";但在地球和宇宙的其他天体上找到这种生命形态的可能性很小。这正是因为硅原子之间相互难以形成稳定的化学键,而硅原子与氧原子或氢原子形成的共价键又过于稳定。

经典价键理论认为,核外电子绕原子核运动的轨道是不连续的,可以按照离核的远近分出不同的电子层,例如氢原子有一个电子层,而碳原子则有两个;每一电子层又根据能量不同由一个或多个电子亚层组成;电子亚层总共有 4 个,分别用字母 s、p、d、f 来表示;例如碳原子的内层只有 s 一个电子亚层,外层则有 s 和 p 两个电子亚层;每个电子亚层上又有不同的电子运行轨道。美国化学家鲍林(Pauling L)在此基础上提出了杂化轨道理论,其核心观点是,在原子之间形成化学键时电子的能量将重新分布。他认为,在同一个电子层中,能量相近的不同类型的几个原子轨道在成键时,可以互相叠加重组,成为数目相同、能量相等的新轨道,这种新轨道叫杂化轨道。按照杂化轨道理论,杂化轨道之间成键通常要满足最小排斥原理,具有很强的方向感;碳原子的价电子是通过杂化轨道成键的,使得以碳原子为骨架形成的化合物具有特定的空间结构。例如,在形成甲烷分子的过程中,碳原子最外电子层受到氢原子的影响,其固有的 1 个 2s 轨道和 3 个 2p 轨道重新组合,形成 4 个 sp^3 杂化轨道,每个 sp^3 杂化轨道中各有一个未成对电子,它们再和 4 个氢原子形成 4 个相同的 C—H 键,其中 4 个杂化轨道间的夹角均为 $109°28'$。因此,生成的甲烷分子的空间构型为正四面体,C 位于正四面体的中心,4 个 H 位于四个顶角(图 1.1)。甲烷分子的正四面体是如此之具有代表性,以致中国科学院上海有机化学研究所选它来做所徽;一本著名的国际有机化学期刊也用它来做期刊的名称——*Tetrahedron*。

碳原子成键的方向性引出了碳原子化学键的最重要特征:复杂多样。碳原子有 4 个价电子,有能力通过共价键连接 4 个原子或基团,如甲烷分子;如果连接碳的原子或基团不一样,通常就会产生一对空间结构对映但不能重合的异构体,称为手性分子(详见下文的讨论)。更重要的是,碳原子之间能够以各种方式连接,有单键,有双键,有三键;由碳原子形成的分子骨架有多种形式,或长长的直链,或有许多分叉的支链,或像苯环那样的环形链;在这些骨架上可以连接其他元素的原子或者基团,形成不同种类和不同形状的分子。可以说,**在元素周期表中,没有哪一种元素能像碳一样以如此之多的方式彼此结合**。生物往往又被称为有机体,这类以碳原子通过"碳碳键"为主干搭建而成的各种类型的碳化合物分子就是有机体的基本化学材料,因此被称为"有机化合物"(简称有机物);而研究碳化合物的组成、结构和性质等的科学就被称为有机化学(Organic Chemistry)。

在有机物中,氢是与碳结合方式最多的元素。仅由碳和氢两种元素组成的碳氢化合物被有机化学家称为烃(Hydrocarbon),包含烷烃、烯烃、炔烃、环烃及芳香烃等。烃通常是许多具有更为复杂分子结构类型的有机物的基体。最简单的烃是甲烷分子,由一个碳原子和 4 个氢原子结合而成。微生物或植物都能制造甲烷。人们把探测到甲烷视为生命存在的重要证据。2015 年 9 月,美国宇航局发布了一条轰动全球的消息:在火星上发现了液态水,从而为火星上可能存在微生物等低等生命提供了重要的依据。但是,仅仅发现水并不能直接证明火星上有生命存在。因此,欧洲航天局 2016 年启动了"火星天外生物学"(Exobiology on Mars)计划,首要目标就是探测火星大气中的各种成分,尤其是甲烷等罕见气体。利用探测器携带的高灵敏度光谱仪,可以探测到火星大气层中可能存在的低浓度甲烷气体,并进一步分析火星上的甲烷是由微生物产生的,或仅仅是地质活动的副产品;假如在火星上探测到甲烷与乙烷或丙烷等其他复杂烃类气体同时存在,就可认为火星上探测到的甲烷来自生命活动。

1.1.2 生命有序性之源——手性分子

碳原子在形成分子时,其共价键的杂化轨道之间要满足最小排斥原理,从而产生特定的分子构型。显然,不同的碳化合物具有不同的空间结构。例如,甲烷分子是一个正四面体,其中碳原子位于正四面体的中心(图1.1)。又例如,芳香烃是一类具有环状的碳原子骨架的有机化合物,通常具有典型的苯环结构(图1.2)。研究者发现,苯分子的6个碳原子和6个氢原子都在一个平面内,因此它是一个平面分子,六个碳原子组成一个正六边形,所有的键角都为120°(图1.2)。

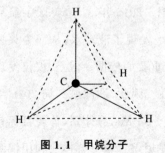

图1.1 甲烷分子

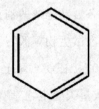

图1.2 苯分子的结构式

如果与碳原子相连的 4 个原子或基团不一样,碳化合物形成的空间结构将是不对称的;而这个碳原子就称为不对称碳原子(为了便于理解,图 1.3A 采用了简单的平面分子表达式)。这种不对称空间结构的存在奠定了有机分子的一个基本性质:手性(Chirality)。以只含一个不对称碳原子的甘油醛为例,同一个分子存在着两种空间构象,如同镜子里和镜子外的物体那样,在结构上表现为镜像对称(图 1.3B);但由于是三维结构,这两种甘油醛分子不管怎样旋转都不会完全重合,就像左手和右手那样表现出手性,因此就被称为手性分子。有机化学对手性分子有不同的命名法,其中一种简单的叫 D/L 命名法,右手性用 D 表示,左手性用 L 表示;即置不对称碳原子在中心,—CHO 位于上方,—CH₂OH 位于下方,(+)—甘油醛的羟基在右边,称为 D 构型;其对映体(—)—甘油醛的羟基在左边,称为 L 构型(图 1.3B)。

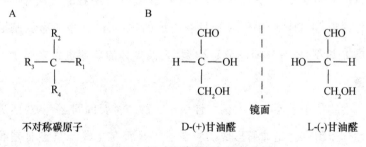

图 1.3 不对称碳原子与手性分子

在有机化合物中,手性分子大多数都含有不对称的手性碳原子;反过来说,含有一个或一个以上手性碳原子的分子通常都是一个手性分子。同一个手性分子尽管化学分子式是一样的,但其两个对映异构体在物理和化学性质方面却会有一定的差别,广为人们所知的是旋光现象。法国著名科学家巴斯德(Pasteur L)在1848年分离出两种酒石酸(二羟基琥珀酸)的结晶,发现一种晶体能使平面偏振光向左旋转(用一来表示);而另一种则能使平面偏振光向右旋转(用十来表示),二者偏转的角度相同。这种旋光性从此就成为手性分子的主要标志。

几乎所有的有机化合物都是手性分子。例如,在构成蛋白质的20种天然氨基酸中,除了结构最简单的、没有手性碳原子的甘氨酸是非手性分子,其他19种氨基酸全都是手性氨基酸(图1.4A);而在构成遗传信息载体的脱氧核糖核酸(DNA)或核糖核酸(RNA)中,脱氧核糖和核糖也都同样是手性分子(图1.4B)。值得注意的是,这些手性分子在生物体内的构成是高度不对称的,人们不可能在蛋白质中找到D型氨基酸,或者在核酸分子中找到L型核糖。换句话说,生物体中手性分子具有高度的均一性,几乎所有氨基酸都是L构型,所有核糖都是D构型,其他类型的单糖也大多属于D型糖。

生物体中手性分子的偏好性引出了两个重要的问题:生物体的手性分子偏好性是如何形成的? 自然界是否存在着由D型氨基酸和L型核糖组成的镜像生命? 前一个问题涉及生命的起源、生物体内的化学反应机制等,现在还没有很明确的答案。一般认为,现存的生物体内的手性化合物合成通常从一开始就要利用特定手性分

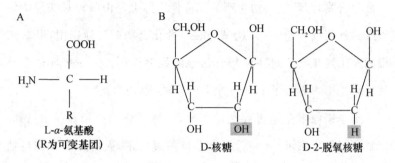

图 1.4　氨基酸与核糖的结构简图

子,即生物分子自身催化出手性形式的偏好性;例如 L 型氨基酸所构成的酶在生物体内会优先选择 L 型氨基酸或其所构成的分子进行催化反应,而对其对映异构体则无此偏好性。过去实验室里合成的手性分子往往是对映异构体混合物;如果二者等量混合使得旋光性相互抵消就被称为"外消旋体"。不久前研究者使用了一种"不对称催化合成"方法来实现选择性的手性分子合成;该领域的手性催氢化反应研究和手性催氧化反应研究工作在 2001 年获得了诺贝尔化学奖。此外,人体对手性药物的反应也提示两个对映异构体具有不同的生物学效果。手性药物往往只有一种对映异构体有效,而另一种则无效;有时药物的另一半异构体不仅无效,而且还会产生严重的副作用。20 世纪 60 年代的"反应停"事件就是一个惨痛的教训。反应停是当时开发的一种新药,主要用于治疗妊娠恶心和呕吐。人们很快就发现,服用了反应停的孕妇生出的婴儿很多四肢残缺。后来的研究发现,导致这些畸形儿的罪魁祸首是反应停中的左手性化合物；即药物公司生产的反应停实际上是由两种对映异构体组成的外消旋体，其中 R 构型的右手性化合物有镇静作用，但 S 构型的左手性化合物对胚胎却有很强的致畸作用。这一事件最终导致世界范围内诞生了 12 000 余名畸形的"海豹婴儿"。

　　至于镜像生命是否存在的问题，法国科学家巴斯德早在 1860 年就已经提出来了。然而，一个多世纪过去了，人们并没有在自然界中找到过镜像生命。研究者于是把目光转向了实验室，希望用人工的方法合成镜像生命，即 D 型氨基酸构成的蛋白质，以及基于 L 型核糖的核酸分子。1992 年，美国科学家首次报道了具有 99 个氨基酸长度的 D 型和 L 型 HIV-1 蛋白酶的化学全合成；他们的工作还表明，D 型蛋白酶只切割 D 型异构体底物，而 L 型蛋白酶则只切割 L 型异构体底物[1]。2016 年，中国科学家构建了非洲猪瘟病毒聚合酶的镜像分子，它可以合成含有 44 个核苷酸的 L-DNA 链，以及 6 个核苷酸长度的 L-RNA[2]。2019 年，德国科学家合成了由 D 型氨基酸构成的一种流感病毒 DNA 连接酶的镜像版本，为建立一个完整的遗传信息复制的镜像系统打下了基础[3]。此外，研究者正在

---

[1]　Milton RC, Milton SC, and Kent SB. Total chemical synthesis of a D-enzyme: the enantiomers of HIV-1 protease show reciprocal chiral substrate specificity [J]. Science, 1992, 256: 1445 – 1448.

[2]　Wang Z, Xu W, Liu L, and Zhu TF. A synthetic molecular system capable of mirrorimage genetic replication and transcription[J]. Nat Chem, 2016, 8: 698 – 704.

[3]　Weidmann J, Schnölzer M, Dawson PE, and Hoheisel JD. Copying life: synthesis of an enzymatically active mirror-image DNA-ligase made of D-amino acids[J]. Cell ChemBiol, 2019, 26: 645 – 651.

尝试构建用于合成蛋白质的核糖体的镜像版本;这项工作一旦成功,研究者就基本实现了完整的镜像生物系统的人工合成。

从这些研究成果中可得出一个结论:蛋白质和核酸的镜像生物大分子不仅能够选择相应的对映异构体为底物,而且也能够正常工作并完成相同的化学反应。如果这个结论成立,就可以推导出这样一个假设:手性生物分子的对映异构体之间并没有什么自然选择的优势,地球上的生命对分子手性的偏好性是一个随机产物,正如美国物理学家费曼所推测的那样:"最早的几个分子采取这种方式而不是别的方式形成,完全是偶然的,必须采取这一种或者那一种方式,或左或右,然后它就复制自己,然后不断繁殖下去"①。

虽然地球上生物体内手性分子的选择可能是随机的,但是这种生物分子的手性偏好性却反映出更基本的物理现象——宇称对称的破坏(Parity Violation)。宇称不守恒定律是杨振宁教授与李政道教授在 1956 年共同提出的,即互为镜像的基本粒子在弱相互作用中的行为不对称。一位法国科学家通过理论分析提出:弱相互作用力的不守恒特点会导致手性分子的手征结构的能态(Energy State)不守恒,即一种手性分子的能态与它的镜像分子相比,存在一点微小的差别②。这种手性分子的宇称不对称现象不久前已经被

---

① R. P. 费曼. 物理定律的本性[M]. 关洪,译. 长沙:湖南科学技术出版社,2005:102。

② Darquie B, Stoeffler C, Shelkovnikov A, et al. Progress toward the first observation of parity violation in chiral molecules by high-resolution laser spectroscopy [J]. Chirality, 2010, 22:870-884.

首次观测到了①。也就是说,我们可以从生物分子的手性偏好性引申出一个基本的推论:生命作为自然界演化出来的产物,建立在最基本的物理定律——宇称不守恒定律之上。

欧洲原子能研究中心的研究人员在 1996 年末首次直接观测到,基本粒子的转换过程存在着时间不对称现象。由此可见,曾经被认为具有完美对称性的时间和空间,实际上存在着对称性的破缺。当代科学揭示,宇宙的演化正是源于时空的对称性破缺。这种对称性破缺使得世界向复杂而有序的方向演化,推动了众多新事物的产生与发展,并导致了各种物质或物体间出现形形色色的差异。可以这样说,生命的诞生与演化就是深深地植根于这种基本粒子的对称性破缺。微观世界的对称性破缺是生命有序性产生的基础,也是生命多样性形成的前提(图 1.5)。

图 1.5　生命特性的物理基础

①　Darquie B, Stoeffler C, Shelkovnikov A, et al. Progress toward the first observation of parity violation in chiral molecules by high-resolution laser spectroscopy [J]. Chirality, 2010, 22:870-884.

1.2 强键与弱键之协奏

生物与非生物在分子构成方面有一个根本性的差别:生物体拥有特殊类型的分子——生物大分子,其主要类型包括核酸、蛋白质、多糖和脂类。不论是简单的微生物,还是复杂的动植物,都离不开这几种生物大分子。顾名思义,生物大分子的分子量巨大,单个生物大分子的分子量从几万到几千万不等。更重要的是,生物大分子就如同用众多砖块砌成的建筑物一样,是由许许多多作为结构单元的有机小分子相互聚合而成的多聚化合物,并拥有这些有机小分子所不具备的特性。要想搭建生物大分子,不仅需要共价键这类强键,而且需要氢键等各种弱键的参与,还需要这两类化学键精密的协同作用。

1.2.1 生物大分子的构成

最重要的生物大分子当属核酸(Nuclear Acid);这是生命用于存储和传递遗传信息的主要物质载体,主要有两类,核糖核酸(简称 RNA)和脱氧核糖核酸(简称 DNA)。核酸的结构单元称为核苷酸(Nucleotide);每个核苷酸由一分子碱基、一分子核糖(脱氧核糖)和一分子磷酸结合而成,其中碱基与核糖通过糖苷键连接形成核苷,然后核苷中的核糖与磷酸以酯键相连接;不同的碱基形成不同的核苷酸。组成 RNA 的核苷酸有 4 种类型,都含有核糖,并分别含有 4 种不同的碱基,包括腺嘌呤(A)、鸟嘌呤(G)、胞嘧啶(C)和尿嘧啶(U);DNA 的脱氧核苷酸也是 4 种,都含有脱氧核糖,并分别含有腺嘌呤、鸟嘌呤、胞嘧啶和胸腺嘧啶(T)4 种碱基。在核酸形成的过程中,相邻两个核苷酸之间的磷酸残基与糖基上的羟基通过脱水缩合反应形成酯键,而多个核苷酸残基相互以酯键连接就形成了链式结构的多聚核苷酸分子(图 1.6)。病毒的核酸分子的长度通常是数千个核苷酸,而动物细胞的一条 DNA 链可以拥有数千万到上亿个核苷酸。更重要的是,在 DNA 链或者 RNA 链上的每个核苷酸种类都可以改变,而这些核苷酸的排列顺序通常就决定了特定的遗传信息。

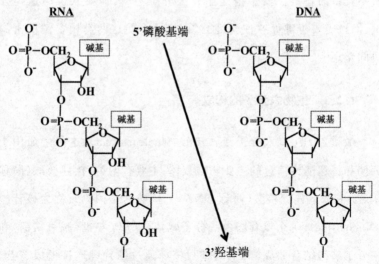

图 1.6　核苷酸聚合形成具有方向的核酸链

与核酸同等重要的生物大分子是蛋白质（Protein），这是各种生命活动的主要执行者，例如作为酶的蛋白质负责在机体内催化各种化学反应。蛋白质与核酸相比，虽然前者的种类远远超过后者，但是二者的构成规则都是一致的，即由基本的结构单元相互连接而成。蛋白质的结构单元是氨基酸（Amino Acid），用于构造蛋白质的天然氨基酸有 20 种，这些氨基酸除甘氨酸外均为 L 构型，即这 19 种氨基酸上的碳原子均为不对称碳原子（$C\alpha$），这个不对称碳原子除了分别与氨基（NH_2）和羧基（COOH）两种官能团以及一个氢原子连接以外，还与一个可变基团（R）相连；不同的氨基酸上有不同的 R 基团。通常根据 R 基团的疏水性质将 20 种天然氨基酸分为两大类：8 种疏水氨基酸（非极性氨基酸）和 12 种亲水氨基酸（极性氨基酸）；后一类又可再分为 7 种极性不带电荷的氨基酸和 5 种极性带电荷的氨基酸。在这 20 种天然氨基酸中，任意两个氨基酸可以通过脱水缩合反应使一个氨基酸的 $C\alpha$ 与另一个氨基酸的 NH_2 之间形成酰胺键（通常称为肽键）；多个氨基酸之间相互以肽键连接而成的一个链状分子就称为一条多肽链；一条多肽链可以有几十个氨基酸残基，也可以有高达数百个氨基酸残基。不同的蛋白质多肽链上具有不同种类的氨基酸残基，这些不同种类的氨基酸残基及其排列顺序决定了蛋白质的结构和功能。

多糖（Polysaccharide）又称为碳水化合物，通常作为生物体的结构材料和能源的提供物。多糖也是一种由单糖作为基本结构单元聚合而成的生物大分子。单糖按碳原子数目可分为丙糖、丁糖、戊糖、己糖等；也可按官能团分为多羟基醛或多羟基酮，分别称为醛糖和酮糖；因此，葡萄糖称为己醛糖，果糖则称为己酮糖。自然界存在的一般都是 D 型单糖。相邻的两个单糖通过脱水缩合反应形成糖苷键；由至少 10 个以上的单糖通过糖苷键连接而成的糖链称为多糖，而 10 个以下的单糖形成的糖链则称为寡糖。由相同的单糖聚合而成的多糖称为同多糖，常见的有纤维素、淀粉和糖原；例如纤维素是由数百个乃至上万个 D 型葡萄糖以 β-1,4 糖苷键连接而成；它是植物细胞壁的主要结构成分，占植物界碳含量的 50% 以上。以不同类型的单糖组成的多糖则称为杂多糖，例如透明质酸，由 D-葡萄糖醛酸和 N-乙酰-D-葡萄糖胺组成，在动物体内通常分布于结缔组织中，具有润滑和吸收水分的功能。自然界存在的杂多糖通常只含有两种类型的单糖，并且大多与脂类或蛋白质结合形成糖脂和糖蛋白。

脂类是脂肪（Fat）和类脂（Lipid）的总称。脂肪是由一分子甘油和三分子脂肪酸结合而成的甘油三酯；而类脂主要包括磷脂和胆固醇。脂类分子严格意义上说不能称为生物大分子，因为许多脂类分子的相对分子质量不过是几百到一千左右，而且也不是像上述 3 类生物大分子那样的通过若干个单体连接而成的多聚化合物。但是，脂类也是生物体特有的分子，并且在生物体的结构和功能方面扮演着重要的角色：脂肪是生物体重要的能源物质，磷脂和胆固醇则是细胞膜和细胞内膜结构的基本组成部分。因此，许多教科书也常常把脂类称为第 4 种类型的生物大分子。脂肪酸（Fat Acid）是脂类分子的主要构成部分,可以根据碳链长度分为三种,碳链上的碳原子数小于6的称为短链脂肪酸;碳链上碳原子数为6—12的称为中链脂肪酸;碳链上碳原子数大于12的称为长链脂肪酸。在高等动植物体内,以碳原子数为16和18的长链脂肪酸最为常见;显然,食物所含的大多是长链脂肪酸。此外,脂肪酸根据碳链上碳原子间是否有双键又可分为两类,没有碳碳双键的称为饱和脂肪酸,带有一个或几个碳碳双键的称为不饱和脂肪酸。

1.2.2　有序性的结构基础——强键

为了让众多有机小分子的"砖块"能够紧密聚合在一起,构成稳定的生物大分子"大厦"的基本框架,需要采用共价键这种"强键"进行连接,如 RNA 或 DNA 多核苷酸链的形成依靠磷酸残基与核糖的羟基反应形成的磷酸二酯键,而蛋白质多肽链的形成则依靠相邻的两个氨基酸残基之间的碳原子与氮原子反应形成的肽键。共价键是典型的强键,具有很高的键能。通过共价键形成的分子通常具有比较稳定的化学结构,因此,依靠共价键连接成的生物大分子也是很稳定的;共价键可以说是生物大分子的"脊梁骨"。

要在原子间形成共价键不是一件轻而易举的事情,尤其对于处在常温常压状态下的生物而言更不容易。一方面是因为共价键的键长很短,例如碳碳键为 0.15 纳米,需要让两个原子靠得很近才有可能发生反应;生物体为此需要采用酶等各种特殊措施;另一方面是因为形成共价键的反应能阈较高,需要提供很多的能量才能实现反应;生物体在这类聚合反应中消耗了大量的三磷酸腺苷(ATP)等高能物质。尽管困难重重,代价很大,生物体依然把利用共价键来制造生物大分子作为其首要任务,因为只有这样的生物大分子才能够满足生命的有序性需求。

有序性的一个重要特点是,物体的结构或功能活动有着明确的方向。构成生物大分子的各种单体通常都是属于具有手性的不对称有机小分子,这些单体在构成生物大分子的时候有明确的方向性,进而使得生物大分子也具有特定的方向性。这种方向性离不开共价键的贡献。在 DNA 或者 RNA 多核苷酸链中,前一个核苷酸的核糖的 3′-羟基和下一个核苷酸的核糖的 5′-羟基分别与磷酸残基通过酯化反应相连,形成了 3′,5′-磷酸二酯键,从而每条多核苷酸链的一端为 5′末端,另外一端为 3′末端(图 1.6)。蛋白质的多肽链也存在明确的方向,一端有氨基残基,称为 N 端;另外一端有羧基残基,称为 C 端。有时同一种结构单元的同分异构体也可以被用来形成不同的生物大分子。例如,环状结构的 D-葡萄糖有 α 及 β 两种异构体,α-葡萄糖的 1 号碳原子和 4 号碳原子连接的羟基是同一方向,而 β 结构则正好相反(图 1.7)。纤维素与淀粉是典型的多糖类生物大分子,二者的结构单元相同,均是由葡萄糖以 1,4 糖苷键连接而成的;但纤维素采用的是 β-1,4 糖苷键,而淀粉采用的是 α-1,4 糖苷键。

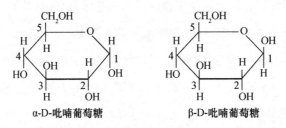

图 1.7 葡萄糖的同分异构体

由此可以看到,手性有机小分子利用聚合反应将其不对称性进一步放大,形成了具有特定方向的、高度有序的生物大分子。这种生物大分子的方向性决定了生物体功能活动的基本特点:高度的选择性和专一性。DNA 在细胞里是以两条多核苷酸链相互平行缠绕的双螺旋方式存在,其中一条链的方向是 3′端到 5′端,而另一条链的方向则是 5′端到 3′端。这种反向平行结合的方式决定了 DNA 双螺旋的直径为 2 纳米,并使得 DNA 两条多核苷酸链内侧的 4 个碱基只能按照腺嘌呤对应胸腺嘧啶(A 与 T)和鸟嘌呤对应胞嘧啶(G 与 C)的关系互相以氢键相连;这就是著名的"碱基互补原则"。可以说多核苷酸链的方向性就是遗传信息保存和传递的基础。我们知道,作为催化剂的蛋白质——酶在其参与的化学反应中有着非常专一的反应底物。例如,α-葡萄糖苷酶只能够分解含 α-1,4 糖苷键的多糖,β-葡萄糖苷酶则只能够分解含 β-1,4 糖苷键的多糖。人类拥有 α-葡萄糖苷酶而缺少 β-葡萄糖苷酶,因此可以消化淀粉而不能消化纤维素。又如,细菌为了保护自身的遗传稳定性,常常采用一种"限制性核酸内切酶"来降解入侵的外源 DNA。这种限制性核酸内切酶在进行酶切反应时不仅依赖特定的碱基序列,而且其断开磷酸二酯键的位点也是很专一的,即切断 3′-磷酸酯键。

生物大分子的有序性非常精妙,贯穿在生命活动的方方面面。在生物大分子聚合反应中,需要提供能量使得有机小分子"结构单元"之间形成共价键;为此,参加聚合反应的每个有机小分子单体都带有一个可提供反应能量的高能磷酸键,如核苷三磷酸或活化的氨基酸。然而,这些高能磷酸键的使用却出现了两种不同的聚合模式:对于核酸合成来说,采用的是"尾端聚合"方式,即在这种多核苷酸链的延长过程中,每次聚合反应使用的高能磷酸键来自参加反应的核苷酸单体;对于蛋白质合成来说,则采用了"头端聚合"方式,即在这种多肽链的每次聚合反应中,使用的高能磷酸键来自分子延长链的一端,而非参加反应的氨基酸单体(图 1.8)。这两类能量利用方式具有不同的生物学意义。"尾端聚合"方式使得在生物大分子聚合过程中链的延长不会被轻易地终止;这一点在 DNA 合成中特别重要,因为在 DNA 链的延长过程中,有时会连接上一个携带错误碱基的核苷酸,需要通过"碱基错配修复"机制把错误的核苷酸切除,并重新接上一个携带正确碱基的核苷酸;显然,只有"尾端聚合"方式才能保证这种修复方式的进行。而"头端聚合"方式在链的延长过程中则不能提供这种修复机制,因为一旦把多聚体的链末端提供高能磷酸键的单体切除,链的聚合反应就不能再继续了。显然,这两种聚合方式对应两种生物大分子合成:不能修复的错误多肽链随时可以抛弃,再重新合成一条就可以了;而多核苷酸链则不可能这样随便地抛弃,尤其是 DNA 链。

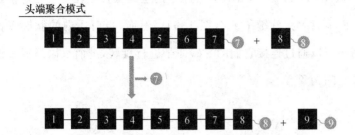

图 1.8　生物大分子链聚合模式示意图

　　需要强调的是,共价键并不是像"水泥"那样仅仅简单地把有机小分子"砖块"连接起来,而是在搭建高度有序的生物大分子中发挥着重要的作用。常见的共价键有两种,单键和双键;通常情况下,单键两侧的原子可以相对自由地旋转,这种分子会非常柔韧;而双键上的原子在同一平面,不能自由旋转,其分子具有很强的刚性。饱和脂肪酸的碳链上碳原子间都是碳碳单键,因此它是非常柔软的分子,具有范围很广且不太稳定的构象。但是,研究者发现,蛋白质上连接氨基酸残基的肽键(C—N 键)虽然是单键,却具有部分双键的性质,难以自由旋转而有一定的刚性,从而导致连接肽键两端的 C=O、N—H 和 2 个 Cα 共 6 个原子的空间位置处在一个相对接近的平面上,称为"肽键平面"(图 1.9)。然而,蛋白质内的肽键平面之间却可以通过连接它们的 α 碳原子进行旋转,进而可以形成 α 螺旋等空间构象。

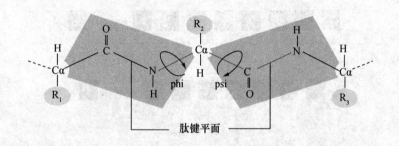

图 1.9 氨基酸通过肽键聚合形成肽键平面的示意图

由此不得不感叹,大自然真是一个高明的"设计师"!蛋白质通常要利用肽键把不同的氨基酸残基按照一定的顺序连接起来,在此基础上形成特定的结构来执行相应的功能。为此要满足"刚柔兼顾"的设计要求:蛋白质一方面需要相对稳定的分子构象,以折叠成正确的立体结构;另一方面又需要氨基酸残基之间有一定的柔性,以满足蛋白质折叠过程和功能活动。**肽键作为具有部分双键性质的单键,既避免了纯粹单键中原子可自由旋转引起的构象不稳定性,又避免了纯粹双键中原子被紧紧固定在同一平面的刚性限制,使得蛋白质具有一定的刚性,同时又有一定的柔性。**

1.2.3 有序性的重要参与者——弱键

有机小分子单体通过共价键相互聚合形成多聚链只不过是完成了构造生物大分子的第一步;要成为有功能的生物大分子,这些二维的线状多聚链还需要进一步折叠或组装来形成更高级的三维结构。要实现这样的任务,仅仅依靠共价键是不够的,还需要另外一类"次级键"(Secondary Bond)的参与。

次级键属于比共价键或离子键要弱的化学键,因此也常被称为"弱键",主要有氢键(Hydrogen bond)、范德华力(van der Waals force)、疏水作用力(Hydrophobic force)等。对生物大分子而言,最重要的次级键要属氢键,这种键比共价键和离子键弱很多;其键能一般在 5—30 kJ/mol 之间。氢键的成键方式使其具有饱和性和方向性。当一个氢原子与一个电负性大的原子 X(例如氧原子或者氮原子)形成共价键后,若该氢原子与另一个电负性大的原子 Y 接近时,就会作为质子供体与这个原子 Y 发生静电作用而形成氢键(通常用 X—H⋯Y 来描述);在这种情况下,其他电负性大的原子就难以再接近氢原子;这就是氢键的饱和性。在形成氢键时,X—H⋯Y在同一条轴线上时键能最强,形成的氢键最稳定;如果不在同一条轴线时,键能变弱,氢键稳定性降低;因此氢键具有方向性。重要的是,这种方向性给氢键带来了很好的"柔性",即键能可强可弱。

上文说到,蛋白质多肽链中多个肽键平面通过连接它们的 α 碳原子沿中心轴旋转并卷曲形成右手 α 螺旋;此时相邻螺旋之间形成链内氢键,即上一个螺旋的第一个肽键平面 N 上的氢原子与下一个螺旋的第一个肽键平面羰基上的氧原子形成氢键。因此,氢键是稳定 α 螺旋的主要作用力;若这个氢键断裂,则 α 螺旋构象就被破坏。氢键也是 DNA 双螺旋碱基配对的关键力量:在两条反向平行的多核苷酸链中,腺嘌呤(A)与胸腺嘧啶(T)形成两个氢键,胞嘧啶(C)与鸟嘌呤(G)形成三个氢键,使得这两对碱基的空间构型基本一致,并且都能满足 DNA 双螺旋的空间要求。

不过,维持 DNA 双螺旋结构稳定的主要作用力并不是氢键,而是一种称为"碱基堆积力"的次级键。这种力属于疏水作用力,即相邻的具有疏水性芳香环的碱基在 DNA 双螺旋结构中彼此堆积在一起,将水分子排挤出去,在 DNA 内部形成一个疏水核心;这不仅有利于互补碱基间形成氢键,而且使 DNA 双螺旋结构维持稳定。疏水作用力同样也是蛋白质折叠的主要驱动力。蛋白质通常存在于水相环境中,由于水分子彼此之间的相互作用要比水与非极性分子的作用更强烈,因此氨基酸残基上的大多数非极性侧链避开水彼此靠近,并聚集在蛋白质内部,而大多数极性侧链则在蛋白质表面保持着与水的接触。这种疏水相互作用不仅推动了蛋白质三级结构的形成,而且维持了 α 螺旋等二级结构的稳定。

生物体为什么不直接用有机小分子来负责生命活动,而要如此大费周章地制造生物大分子?一个最重要的理由是,**生命活动只有通过生物大分子之间的相互作用才能实现。生命活动从不依靠生物分子的"单打独斗",全都是团队合作的产物**;不论是生物体之间传宗接代的遗传信息传递活动，还是生物体内实现新陈代谢的化学反应，都需要众多生物大分子之间的相互配合和相互调控。例如，动物细胞用来合成蛋白质的装置——核糖体（Ribosome）就是一个拥有 RNA 链和 80 多种蛋白质的复合物。弱键正是在生物大分子之间的相互作用中扮演了极为重要的角色。

"活着"是一件很不容易的事，要求高，变化快，还要适应各种复杂的环境；即使是大肠杆菌这样简单的微生物，每时每刻都在进行着成百上千的化学反应，需要成千上万不同种类的分子参加。据统计，一个大肠杆菌拥有的蛋白质数量就达到 2.4×10^6。对生物体来说，分子的数量还不是主要的问题，关键是那些负责实施某种生命活动的分子"团队"要能够准确地从种类繁多、数量巨大的分子群中相互识别，然后聚集在一起协调一致地"干活"。显然，生物分子之间如何识别就成为生物体首先要考虑的问题。为此，生物体特意选择了氢键或疏水作用力等次级键作为生物分子之间相互识别的主要手段。由于次级键的形成与分子构象或形状有关，所以正确的分子识别一定是分子间形状能够精确地"互补"而形成恰当的次级键。此外，由于大量的生物分子拥挤在一个狭小的活动空间"游来荡去"，难保无关的分子也能随机地碰到一起并生成一两个次级键；因此，正确的分子识别需要在形状复杂和体积较大的生物大分子间展开，这样的生物大分子之间一旦形状互补，就能够形成一定数量的弱键来确保它们连接成一个稳定的整体；而那些随机碰到一起的生物大分子，即使它们之间产生一两个弱键，也不能把它们稳定在一起。可以这样说，生物大分子的出现就是为了保证分子间的正确识别。

也许我们要问，如果采用共价键的话，有机小分子之间也能够进行正确地识别；为什么生物体不采用共价键来执行分子识别的任务？原因在于共价键是强键，成键不容易，断键也不容易。而生命活动是一个高度动态过程，参与活动的分子组分时而结合在一起，时而又要分开。换句话说，生物体内的分子识别必须是一个高度可逆的行为；而只有氢键等弱键能够满足这种高度可逆性的需求。因此，虽然生物大分子间的识别偶尔也会采用共价键，但是绝大部分生物大分子间的相互作用都是通过弱键来实现的。

1.3 结构与功能的关系

作为构建生命的生物大分子，其最根本的特点就是高度有序。这种有序性首先体现在手性有机小分子的偏好性选择之上，然后体现在这些有机小分子作为结构单元在合成生物大分子时特定的组成和排序上。这两种有序性导致了这样一个结果：让各种生物大分子形成相应的空间结构。这些具有特定空间结构的生物大分子被用来执行各种生物学功能，如 DNA 双螺旋用来承载和传递遗传信息，而血红蛋白则用来运送机体需要的氧气。可以这样说，每一个生物大分子都具有其独特的空间结构，而每一个生物学功能的实现则依赖于特定的生物大分子的空间结构。因此，生物学的一个主要任务就是：揭示生物大分子的空间结构及其与功能的关系。

1.3.1　从初级结构到高级结构

生物大分子在成形之初不过是一条形状单调的"多聚链"，由众多有机小分子单体通过共价键"串"在一起。这种生物大分子的多聚链，通常还需要在氢键等各种次级键的帮助下进一步形成更为复杂的三维结构，然后才能在生命活动中发挥作用。研究者把生物大分子最初的这种线状结构称为一级结构，而把在此基础上形成的复杂空间结构称为高级结构；高级结构通常是指二级结构和三级结构，某些蛋白质如血红蛋白甚至还有四级结构。

对于蛋白质和核酸而言，这些线状多聚链上不同的氨基酸或核苷酸的组成和排列顺序影响其空间构象，即一级结构决定高级结构。蛋白质二级结构的主要类型有 α 螺旋和 β 折叠片层。这些类型的形成取决于多肽链上的氨基酸残基侧链基团的形状和大小，以及有无电荷。如 α 螺旋的稳定主要依靠相邻螺旋之间形成的链内氢键；如果多肽链中连续出现带有同种电荷的酸性或碱性氨基酸，它们会相互排斥而阻碍链内氢键的形成，从而不利于 α 螺旋的生成。此外，具有较大侧链基团的氨基酸残基如异亮氨酸或苯丙氨酸等集中的区域也不利于 α 螺旋的形成。

蛋白质的三级结构是指多肽链在各种二级结构的基础上再利用次级键进一步折叠形成更为复杂的空间结构，常见的外形有球状和纤维状。如果具有两条或两条以上独立三级结构的多肽链通过次级键相互结合在一起,这种空间结构就被称为蛋白质的四级结构,如运载氧的血红蛋白就是由 4 条多肽链组成的四聚体,这些多肽链称为蛋白质亚基。

核糖核酸(RNA)的二级结构通常是由核苷酸单链上不同碱基之间形成链内氢键来实现的,主要结构单元是茎环状和双链状,如 tRNA 链的二级结构是由一个双链状和三个茎环状组成的三叶草形状。核苷酸单链在其二级结构的基础上再进一步折叠就形成三级结构,如三叶草形状的 tRNA 链折叠就形成了一个倒 L 形的三级结构。

承载遗传信息的 DNA 分子的空间结构更为精密。首先是两条多核苷酸链按照反向平行结合的方式相互缠绕而成双螺旋形状,并采用"碱基堆积力"的疏水作用维持双螺旋的稳定;然后在两条多核苷酸链内侧的 4 个碱基则按照碱基配对原则形成链间氢键。由于动植物细胞的线状 DNA 分子很长,而细胞核的空间很小,如人体细胞的 DNA 链展开后长达两米,而细胞核则只有 1 微米。为此,DNA 链又被反复扭曲盘绕在一个个由 H2A、H2B、H3 和 H4 4 种组蛋白构成的复合体上,形成一长串念珠样的"核小体"(Nucleosome),并进一步被以越来越小的比例反复折叠,最终形成高度压缩的"染色体"(Chromosome)。

有些蛋白质如胰岛素的形成过程远比把一条多肽链折叠复杂。胰岛素是调控机体代谢最重要的激素之一,由动物的胰岛 β 细胞合成。最初合成的是一条由 105 个氨基酸残基构成的前胰岛素原,然后经过蛋白水解酶的作用除去信号肽,变成一条由 86 个氨基酸残基组成的胰岛素原;胰岛素原开始进行折叠,由特定位置的 6 个半胱氨酸残基相互配对形成 3 对二硫键;具有正确二硫键的胰岛素原再经过蛋白水解酶的作用,剪切成 A、B、C 三段肽,其中含有 21 个氨基酸残基的 A 链和 30 个氨基酸残基的 B 链连接形成胰岛素;而原来胰岛素原的两个链内二硫键则转变为连接 A 链和 B 链的链间二硫键。

生命是一个动态过程,有生就有死;生物大分子也不例外,有合成就有降解。在 20 世纪 80 年代,研究者发现,蛋白质从合成到降解的稳定性受到其 N 端氨基酸序列的控制,称为"N 端规则"(N-end rule),即蛋白质 N 端的氨基酸残基种类决定其在细胞内的降解速率,如富含甘氨酸残基的 N 端促进蛋白质的降解;具有这类性质的 N 端氨基酸残基被称为"N 端降解子"(N-terminal degron)[①]。研究者还进一步发现,在蛋白质的 C 端也存在调控蛋白质稳定性的"C 降解子"(C-degron),尤其是在 2018 年发现了多个调控人源蛋白质稳定性的"C 降解子"[②]。

生物大分子的一级序列不仅决定了高级结构,而且常常还可以决定有机体健康与否。镰刀状细胞贫血症就是这样一个典型案例。

① Varshavsky A. N-degron and C-degron pathways of protein degradation[J]. Proc Natl Acad Sci USA, 2019, 116:358−366.

② Ibid.

该病是一种危害人类健康的血液病,目前全球有 400 多万人患有这种疾病。这种疾病于 1910 年在医学文献中首次报道;后来的分子生物学研究揭示,这种疾病的病因源于指导血红蛋白的氨基酸序列排布的多核苷酸链上一个碱基发生了突变,使得合成出来的血红蛋白的链第 6 位上带负电荷的谷氨酸由于该碱基突变而换成了中性的缬氨酸;在低氧浓度下,这种异常血红蛋白的空间结构发生改变而形成纤维状聚合物,进而导致携带这种异常血红蛋白的红细胞的形状从"甜甜圈"变成了镰刀状;镰刀状红细胞比正常形状的红细胞脆弱并容易破碎。由此可见,研究者把宏观的临床症状还原到了微观的生物大分子的异常。正是从研究镰刀状细胞贫血症的分子病因开始,人们对疾病的认识进入到分子层面——人类的大多数疾病都可以视为是生物大分子异常导致的"分子病"。

1.3.2　变性与复性

生物大分子的初级结构是靠共价键形成的,如多核苷酸链是由磷酸二酯键把核苷酸单体连接而成,多肽链是靠肽键把氨基酸单体连接而成。而生物大分子的高级结构则主要靠氢键或疏水键等次级键来形成,如蛋白质的 α 螺旋依靠氨基酸残基之间的氢键,而DNA 双螺旋则依靠碱基之间的疏水作用。由于共价键和次级键的键能强度不一样,共价键断裂所需能量较多,而次级键断裂则比较容易;因此,在生物大分子的结构变化方面有两个重要的特征:一方面初级结构比高级结构稳定;另一方面高级结构容易受外部环境的影响而发生改变。

显然,如果通过水解的方法把蛋白质的肽键断裂,破坏其一级结构,蛋白质的功能就会丧失。那么,如果用加热或加盐等温和的条件处理蛋白质,只是把维持高级结构的次级键破坏,保留其初级结构,蛋白质的功能是否也会丧失?针对这个问题,我国著名生物学家吴宪于 1929 年在第 13 届国际生理学大会上首次提出了蛋白质变性的观点,并于 1931 年在《中国生理学杂志》上正式发表了蛋白质变性理论,认为天然蛋白质是多肽链通过有规律的折叠形成的一种具有生物活性的紧密构型,维持这种紧密构型的次级键一旦被物理或化学的力破坏,有规律的折叠就变为不规则的、松散的肽链形式,称为蛋白质的变性。蛋白质变性理论的关键点在于:在蛋白质一级结构不变的情况下,只要高级结构改变就能导致功能的丧失。

如果进一步追问,蛋白质一级结构改变导致的功能丧失与高级结构改变导致的功能丧失是一样的吗?人们起初认为是一样的。但是,在 20 世纪 60 年代初,美国科学家安芬森(Anfinsen C)做了一个经典的蛋白质折叠实验,得出了一个截然不同的答案。在这个实验中,安芬森博士首先利用高浓度的尿素和还原剂将一种称为核糖核酸酶的蛋白质进行变性处理;随后再去除尿素和还原剂,发现已经变性的核糖核酸酶可以自发地重新折叠回原来的空间构型,并恢复其原有的生物学功能。基于这个蛋白质复性实验,安芬森博士获得了 1972 年诺贝尔化学奖。这个实验表明,**不同于一级结构的**

不可逆改变,蛋白质高级结构的改变是可逆的,只要其一级结构不变,在一定条件下就可以恢复已经变性的高级结构。

蛋白质的变性与复性实验揭示了蛋白质在高级结构形成过程中存在着复杂的、可逆的折叠机制。现在的研究结果表明,在细胞内合成的新生肽链需要经过多步的折叠过程才能形成具有恰当空间构象的蛋白质。重要的是,尽管蛋白质的一级结构决定高级结构,但是在从一级结构到高级结构的折叠过程中,通常需要有一类称为"分子伴侣"(Molecular Chaperone)的蛋白质来帮助其折叠;最常见的分子伴侣有热休克蛋白 Hsp70 和 Hsp90 两个家族。分子伴侣能够识别并稳定新生肽链折叠过程的各种中间构象,进而介导肽链的折叠;一旦新生肽链折叠过程结束后,分子伴侣就离开这些具有特定空间构象的蛋白质。

近年来的研究发现,分子伴侣不仅帮助多肽链折叠形成恰当的蛋白质空间构象,而且也用来帮助多核苷酸链折叠出特定的构象。例如在酵母细胞中有一个称为 Mss116 的蛋白酶,参与到与 RNA 代谢有关的各种活动中。不久前的一项研究发现,这个蛋白酶在某些 RNA 折叠成合适的构象时发挥了重要的作用;这种蛋白分子伴侣在 RNA 折叠过程中的作用很复杂,涉及依赖 ATP 提供能量和不需要能量等多个步骤①。

---

① Karunatilaka KS, Solem A, Pyle AM, Rueda D. Single-molecule analysis of Mss116-mediated group II intron folding[J]. Nature, 2010, 467: 935-939.

　　分子伴侣的研究表明,蛋白质高级结构在机体内的形成并不是一个自发的过程,因为折叠过程涉及一系列动力学反应,受到温度等各种环境条件的影响。可以这样认为,**蛋白质的一级结构通常情况下只是决定自身高级结构的"必要条件",而分子伴侣等外部因素的作用则是决定高级结构形成的"充分条件"。只有满足了这两个条件,蛋白质才能形成恰当的空间构象。**

　　由此引出了一个新的问题:蛋白质一级结构决定的高级结构是唯一的吗? 换句话说,一段具有特定氨基酸组成和排列的多肽链是否只能有一种确定的高级结构? 现在的研究结果给出的答案是"不一定",即同样的一级结构在一定条件下可能形成不同的高级结构。

　　"朊病毒"(Prion)就是一个从一级结构产生不同构象的典型。美国生物学家普鲁辛纳(Prusiner S)在 1982 年发现,导致"羊瘙痒症"或"疯牛病"等中枢神经系统传染病的致病因子是一种不含有核酸的蛋白颗粒,它如同病毒一样能在个体间传播并引发疾病,故称为朊病毒。普鲁辛纳博士因发现了朊病毒并提出了相应的"蛋白质构象致病假说"获得了 1997 年的诺贝尔医学或生理学奖。进一步的研究揭示,朊病毒蛋白有两种构象:正常型(PrPc)和致病型(PrPsc);前者的二级结构是 α 螺旋,而后者则有多个 β 折叠片层。让人吃惊的是,这种致病的 PrPsc 一旦进入正常的细胞,它还能够作用于具有正常构象的 PrPc,使其构象改变而成为 PrPsc,进而导致疾病的发生。这种氨基酸序列没有改变而仅仅构象改变就导致的疾病因此被称为"构象病"或"折叠病"。

在核酸研究结构领域也有同样的现象，即 DNA 或 RNA 的核酸序列在大多数生理条件下形成的二级结构都是右手螺旋，但是在特定的条件下也能够形成左手螺旋。左手螺旋 DNA(Z-DNA)1979年被首次发现，特点是其核糖-磷酸骨架排列呈 Z 型。由于 Z-DNA 构象是一种高能状态，在细胞内通常需要特定的蛋白质与之结合才能稳定其构象，如典型的 Z-DNA 结合蛋白 ZBP1；当能量释放之后，Z-DNA 的构象将转变为稳定的右手螺旋。Z-DNA 在细胞中参与了多种生理活动，如基因转录和染色体重组；而且在肿瘤和神经退行性疾病等病理过程中也扮演了重要的角色。最近的一项研究发现，以 RNA 作为遗传信息载体的流感病毒在入侵宿主细胞以后，利用后者的复制机器产生左手螺旋 RNA(Z-RNA)，这些 Z-RNA 可以特定地与宿主细胞内的左手螺旋结合蛋白 ZBP1 相互作用，进而触发由 ZBP1 控制的细胞程序性坏死信号通路，导致宿主细胞的坏死[1]。

1.3.3 结构决定功能

结构决定功能是生物学的一个最基本原则。从以上的介绍中可以看到，血红蛋白的一条多肽链上一个氨基酸残基的改变就能够导致其高级构象的改变，进而可以引起镰刀状细胞贫血症；而朊病

---

① Zhang T, Yin C, Boyd DF, et al. Influenza Virus Z-RNAs Induce ZBP1-Mediated Necroptosis[J]. Cell, 2020, 181:1115 – 1129.

毒则能够让正常的蛋白在一级结构不变的情况下,仅仅改变其空间结构就成了致病因子。当然,在正常生理条件下,生物大分子的结构更是生命功能活动的基础。生物体拥有一类称为"酶"(Enzyme)的蛋白质,作为催化剂调控着机体内的各种化学反应。酶的催化作用主要依靠其特有的"活性中心",这是若干个氨基酸残基或是这些残基上的某些基团通过折叠形成特定的空间构象,通常拥有两个功能部位,一个是结合部位,用来结合酶的反应底物;另一个是催化部位,负责底物的化学键的断裂或形成。如果活性中心的一个氨基酸残基发生改变,酶的催化功能就将丧失;但是,如果只是将活性中心以外的氨基酸残基进行改变,则对酶的活性影响不大,甚至没有影响。

由此人们得出了这样一个结论,在蛋白质一级结构中,不同位置上的氨基酸残基对其功能的影响不一样。也就是说,一个蛋白质的氨基酸序列中有一些是实现其功能的关键氨基酸残基。不久前,中国科学家开发了一种"蛋白质关键残基嫁接"的算法,并在此基础上做了首次蛋白质"嫁接"实验,即把一个称为"促红细胞生成素"(EPO)的氨基酸序列上用来结合其受体蛋白 EPOR 的关键残基找出来,以此作为依据对一个称为 ERPH1 的蛋白上的氨基酸残基进行相应的改造,使得这个原本不结合 EPOR 的氨基酸残基也能够与之结合[①]。由这个实验可以得出一个重要的推论:不同空间构象的蛋白质也可以具备同样的功能。这一推论在大量的生物学研究中得到了证实。

从另外一个角度来说,一个蛋白质往往能够与不同的配体、反应底物或者生物大分子结合。例如,生物体的耐药性常常是靠细胞膜上一类称为"多药转运体"(Multidrug Transporters)的蛋白质来实现;这种蛋白可以识别不同化学结构的药物分子并将它们转运出细胞。也就是说,虽然一个蛋白质通常只具有一种确定的空间构象,但是有时却可以与不同的分子发生相互作用,从而发挥不同的功能。生物学家把这种蛋白质非专一性特征称为"混淆性"(Promiscuous)。**因此,人们需要避免线性的思维方式,当说到生物大分子的结构决定其功能时,并不意味着仅仅是一种"一对一"的简单关系。**

别构效应(Allosteric Effect)是蛋白质结构与功能关系研究中的另外一个重要发现。别构效应通常是指:当某种物质结合于一个蛋白质的活性部位以外的其他部位时,能够引起该蛋白质的空间构象发生变化,进而导致其生理活性发生改变;这个远离活性中心的结合位点就称为别构中心,而影响蛋白质活性的物质称为别构配体或别构效应物。别构效应物不同于分子伴侣,前者主要通过对蛋白

---

① Liu S, Liu SY, Zhu XL, et al. Nonnatural protein—protein interaction-pair design by key residues grafting[J]. PNAS, 2007, 104:5330 – 5335.

质已折叠完成的空间构象进行新的改变而影响其功能,后者主要是用来帮助蛋白质折叠成恰当的空间构象。别构效应物可以是抑制蛋白质活力的负效应物,如某些酶催化反应的最终产物可与酶结合,引起负向别构效应,使酶的活力降低;也可以是增加蛋白质活力的正效应物,如血红蛋白四个亚基在结合氧气的过程中,氧与第一个亚基结合而产生正向别构效应,使其他 3 个亚基更容易与氧结合。

不久前,中美科学家的一项合作研究发现,DNA 中也存在别构效应。在 DNA 双螺旋链上有很多特异的蛋白质结合位点,能够结合转录因子等不同种类的蛋白质。当一个蛋白分子结合到 DNA 特定位点上时,会引起 DNA 双螺旋的构象变化,进而影响另外一个 DNA 结合蛋白对 DNA 的结合能力。研究者进一步证明,DNA 的别构效应呈现出一种大约 10 个碱基对的周期性变化,正好是 DNA 双螺旋的一个周期,而且这种效应的大小会随着两个 DNA 结合蛋白之间的距离增加而衰减。此外,该项研究工作还证明了,DNA 别构效应可以在活细胞内影响基因调控,表现出重要的生理意义。重要的是,研究者指出,DNA 别构效应是 DNA 的一个基本性质,不依赖于蛋白质的性质及种类[1]。

别构效应表明,**生物大分子的结构与功能的关系并不是静态的,而是呈现出各种动态的变化。**首先,生物大分子维持其空间结

---

[1]　Kim S, Brostrmer E, Xing D, et al. Probing Allostery Through DNA[J]. Science,2013,339:816 - 819.

构的次级键不像共价键那样牢固，导致其空间构象在外部因素的作用下可以发生改变，从而影响其功能。其次，一个生物大分子上不同部位之间的结构变化可以相互影响，产生协同作用；如酶的活性中心和别构中心之间的协同作用；此外，具有别构效应的蛋白质通常是含有若干个亚基的寡聚体或多聚体，一个亚基的构象变化可以影响其他亚基的构象，如血红蛋白四个亚基在结合氧时出现的协同作用。

　　蛋白质结构与功能的关系可以追溯到 100 多年前提出的"锁-钥"模型，即蛋白酶的高度底物专一性源自其特定的构象与底物之间的紧密契合，就好比一把钥匙开一把锁。自此，蛋白质特定的结构决定特定的功能就成了生物学的基本规律。然而，从 20 世纪 90 年代开始，研究者发现生物体内有许多无序蛋白质，它们在天然状态下整条肽链或者肽链的一部分并不具有严格的三维结构[①]。这类无序蛋白质在生物体内广泛存在。一个分析无序蛋白质的预测算法表明，在古细菌、细菌和真核生物这三大类生物的蛋白质组中，长度大于 30 个氨基酸的无序区域的比例分别为 2.0%、4.2%、33.0%。关键是这些无序蛋白质在生物体的生理和病理的活动中同样发挥着重要作用。显然，人们需要把"结构决定功能"的规律进行"外延"：蛋白质天然的无序状态也是一种"结构"。

---

　　① Uversky VN. Natively unfolded proteins：A point where biology waits for physics[J]. Protein Science，2002，11：739-756.

破译生命的信息流

龙生龙，凤生凤，老鼠生儿会打洞。

—— 中国民间俗语

　　生物体从其构造的原材料来看，不过是自然界广泛存在的碳、氢、氧、氮等常见的元素，但利用这些原子搭建成的生物大分子却与非生物体的分子有着巨大的差别；尤其是 DNA 双螺旋和碱基配对规则的发现，让我们看到了生命与非生命的根本区别，即生命是一台承载信息、传递信息和使用信息的"信息处理自动机"；生物体能够把自身的信息一代代地传递下去，并且能够利用这些遗传得来的信息指导自身的各种生命活动。这也正是 DNA 双螺旋发现者之一、英国科学家克里克于 1957 年首次提出的"中心法则"（Genetic Central Dogma）的基本想法：遗传信息从 DNA 传递到 RNA，再从 RNA 传递到蛋白质（图 2.1）。可以说，**关于遗传信息传递的"中心法则"是现代生物学最重要的一个基石**，生物学家自此把主要研究方向确定为揭示信息在生命中的流动及其作用机制。

2.1 "生命之书"的读写

文字是人类文明留存和传递信息的主要手段,只需要数十个基本的文字和若干书写规则,就可以创作出无数的作品。从这个角度来看,大自然在创造生命时也采用了类似的书写方式,自然界的万千生命形式就如同万千本书,显然,阅读这些"生命之书"的内容和寻找"生命之书"的创作规则就是生物学家的中心任务。换句话说,研究者的主要工作通常就是找出"生命之书"中的一个个句子,并理解这些句子的含义。

2.1.1 从文字到文本

DNA双螺旋的发现和后续研究确立了两条"书写"生命之书的规则。第一条规则是对"文字"和"写字方向"的界定。首先是将多核苷酸链上的四种碱基(A、T、G、C)用做记录生命遗传信息的"字母",将其中任意3个碱基组成类似"单词"的遗传密码子;一个"单词"通常对应一个氨基酸。从4种碱基中选择3种来构成1个密码子的全排列就是$4 \times 4 \times 4 = 64$,所以生物体拥有64个遗传密码子的"单词"。由于生物体用来合成蛋白质的天然氨基酸仅仅有20种,除了甲硫氨酸和色氨酸只有一个密码子以外,其他18种氨基酸分别具有 2—6 个密码子；此外还有 3 个密码子作为"终止密码"
(UAA,或 UAG,或 UGA)(图 2.2)。

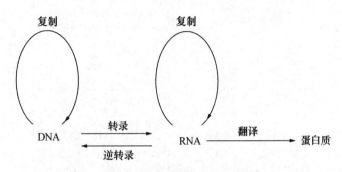

图 2.1　遗传信息流动的中心法则

　　不同的文化在写字时可以有不同的方向,可以从左到右,也可
以从右到左,还可以从上到下;但总是要确定一个方向,不能在写作
中任意更换。生命的"写作"也有固定的方向。笔者在第一章中介
绍过,多核苷酸链的构成具有确定的方向性(图 1.6)。这种方向性
在遗传密码的构成上有着决定性的作用:任何一个遗传密码子的第
一个碱基一定位于多核苷酸链的 5′端方向,第三个则在链的 3′端方
向(图 2.2)。这种密码子的方向性就决定了记录和阅读遗传信息
的方向。

　　第二条规则是关于"生命之书"的"句子"的写作方式,简单来
说,就是把一个具有特定碱基序列的 DNA 片段作为一个"句子",
这些"句子"开始时总是在多核苷酸链的 5′端方向上有一个特定
的起始密码子(通常就是编码甲硫氨酸的密码子),结束时则在 3′

密码子的第一位(5′)		U	C	A	G		密码子的第三位(3′)
	U	UUU Phe	UCU Ser	UAU Tyr	UGU Cys	U	
		UUC Phe	UCC Ser	UAC Tyr	UGC Cys	C	
		UUA Leu	UCA Ser	UAA *Stop*	UGA *Stop*	A	
		UUG Leu	UCG Ser	UAG *Stop*	UGG Trp	G	
	C	CUU Leu	CCU Pro	CAU His	CGU Arg	U	
		CUC Leu	CCC Pro	CAC His	CGC Arg	C	
		CUA Leu	CCA Pro	CAA Gln	CGA Arg	A	
		CUG Leu	CCG Pro	CAG Gln	CGG Arg	G	
	A	AUU lle	ACU Thr	AAU Asn	AGU Ser	U	
		AUC lle	ACC Thr	AAC Asn	AGC Ser	C	
		AUA lle	ACA Thr	AAA Lyn	AGA Arg	A	
		AUG Met	ACG Thr	AAG Lyn	AGG Arg	G	
	G	GUU Val	GCU Ala	GAU Asp	GGU Gly	U	
		GUC Val	GCC Ala	GAC Asp	GGC Gly	C	
		GUA Val	GCA Ala	GAA Gln	GGA Gly	A	
		GUG Val	GCG Ala	GAG Gln	GGG Gly	G	

图 2.2 遗传密码表

端方向上使用一个相当于“句号”的终止密码子，在此之间则排列着各种编码氨基酸的密码子。换句话说，“生命之书”中的一个“句子”的含义就是，用一段多核苷酸链上的遗传密码子类型和它们之间的顺序来决定一种蛋白质的氨基酸组成和排序，即决定该蛋白质的一级结构。生物学家通常就把这样一个用来“描写”一种蛋白质的“碱基句子”称为一个“基因”(Gene)；而组成一本“生命之书”的所有碱基序列则称为“基因组”(Genome)。目前已知的最小生命体(一种古菌)的基因组为 50 万对碱基，而人类基因组则拥有 30 亿对碱基。

需要指出的是，尽管在大肠杆菌等低等生物的基因组里基本写满了编码蛋白质的基因“句子”，但在绝大多数生物体的基因组内，尤其是动植物的基因组内,基因只不过是基因组的一小部分。例如在人类基因组内,基因的总数大约是 20 000 多个,全部基因的碱基序列的总和仅占整个基因组序列的 1.5％ 左右。也就是说,在描写我们人类基因组的这部"书"里,含有蛋白质意义的"句子"不到全书文字的 2％。

那么,基因组内这 98％ 不涉及蛋白质的"文字"是什么内容呢?一个显著的部分是重复的碱基序列,在人类基因组内这些重复序列占了约 44％;另一部分就是不编码蛋白质的单一序列,在人类基因组占了约 54％。过去研究者把这些与基因无关的序列称之为"垃圾"(Junk)序列。但现在的研究揭示,这些序列在基因组内同样发挥着很重要的功能。例如在人类染色体上有一段称为"端粒"的 6 个碱基(TTAGGG)的重复序列,它在染色体的末端重复了大约 250—1500 次;这段重复序列对于细胞衰老和癌变发生都有着重要的影响。而那些非编码单一序列则常常参与控制基因功能的活动。

随着近年来研究技术的进步,科研人员发现,在经典"中心法则"定义的编码蛋白质的基因之外也有许多非编码序列可以指导蛋白质的合成。例如,在骨骼肌细胞的第 10 号染色体转录出来的一个长链非编码 RNA(LnRNA)上,含有一段称为"开放阅读框"(Open Reading Frame,ORF)的核苷酸序列,可以编码一个具有生物学活性的 46 个氨基酸的小肽①。一项关于巨噬细胞的转录组学研究揭示，核糖体与大量非编码 RNA 相连；而且这些非编码 RNA 中含有若干非经典的 ORF，它们可以产生特定的蛋白质；其中有一个长链非编码 RNA 中 ORF 对黏膜免疫活动至关重要②。

"生命之书"的基因文本还有一点明显不同于人类的文字创作：人类在写作句子时注重其连贯性，但是生物体基因组里许多基因是不连续的，即在一个编码蛋白质的基因序列之间，插有一些非编码的序列；就如同把一个完整的句子拆开，在中间加入一些无意义的文字。这类基因称为断裂基因，其基因内编码蛋白质的序列称为"外显子"（Exon），而不用来编码的序列则称为"内含子"（Intron）。在这些断裂基因指导下合成的 mRNA 通常称为"前体 mRNA"，还不能用来指导蛋白质合成；要先把前体 mRNA 链上非编码的内含子序列切除，并把外显子拼接在一起，从而形成一条成熟的 mRNA 链。这个过程被称为 mRNA 的"剪接"（Splicing）（图 2.3）。一般说来，在细菌一类低等生物里基因都是连续性的。生命形式越高等，断裂基因就越多。如在芽殖酵母里，只有 4% 的基因拥有内含子。而在小鼠或人的基因组内，绝大部分基因都是不连续的。

---

① Anderson DM, Anderson KM, Chang CL, et al. A micropeptide encoded by a putative long noncoding RNA regulates muscle performance[J]. Cell, 2015, 160:595 - 606.

② Jackson R, Kroehling L, Khitun A, et al. The translation of non-canonical open reading frames controls mucosal immunity[J]. Nature, 2018, 564:434 - 438.

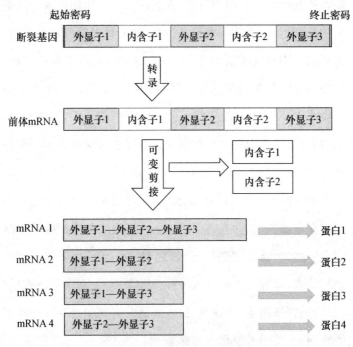

图 2.3 断裂基因与可变剪接

重要的是,一个断裂基因内多个外显子通常可以采用不同的剪切和拼接方式,称为可变剪接。显然,如果把不同的外显子用可变剪接方式进行连接,一个基因就能制造出多种蛋白质(图 2.3)。举一个典型的例子,在小鼠的基因组内有一个称为 DSCAM 的基因,它有 61 000 个碱基,其所拥有的 24 个外显子中的 4 个外显子有 95 种可变剪接方式;如果把所有可能的可变剪接方式都考虑进去,这一个基因能够产生的蛋白质种类可以超过 38 000 种。要知道,小鼠基因组的全部基因数也不过是 20 000 个左右!

　　在最初发现断裂基因的时候，人们认为非编码的内含子序列没有什么功能，剪切下来就被抛弃。但是，越来越多的实验证明，内含子在生命活动中也发挥着重要的作用。例如，有研究发现，内含子能够促进拥有它的断裂基因的活性；此外，部分内含子序列可以用来产生微小 RNA（MicroRNA，miRNA）等非编码 RNA 调控元件。不久前，加拿大科学家通过对酵母细胞基因组内所有内含子的逐一敲除研究，发现多数内含子都可以用来调控细胞对营养匮乏的响应[1]。美国科学家也同时揭示出，酵母的 34 个内含子在剪切后继续稳定地存在于细胞内，并在外部压力条件下用来帮助细胞的生存[2]。

　　综上所述，大自然在创作"生命之书"时，有一个明显不同于人类的书写特点，即在文本中放入了种类繁多、意义复杂的非编码"短句"。首先是在基因组"文本"里加入大量的重复序列和其他类型的非编码序列，主要用来辅助各种编码蛋白质"句子"的功能实施；其次是把一个编码蛋白质的"句子"打断，在里面塞进若干段非编码的内含子序列，从而让一个基因"句子"能够拼接出许多不同的蛋白"含义"。需要强调的是，此等非编码"短句"在微生物等低等生物的基因组里很少，而在复杂生物的基因组里则很多。举例来说，非编码序列在大肠杆菌基因组里为 13％，酵母为 28％，线虫为 71％，果

① Parenteau J, Maignon L, Berthoumieux M, et al. Introns are mediators of cell response to starvation[J]. Nature, 2019, 565:612-617.
② Morgan JT, Fink GR, Bartel DP. Excised linear introns regulate growth in yeast[J]. Nature, 2019, 565:606-611.

蝇为 82％，人类则高达 98％。这些数据表明，基因组内非编码序列的增加与生命复杂程度的增加呈现一个正相关性。也就是说，**非编码序列在生命从简单到复杂的演化过程中发挥着重要的作用。**

2.1.2 高精度的复制

每一种类的生物都包含着无数的个体；这些个体都拥有同样的遗传信息，就好像一本书被复印出了众多的副本。生物学家将个体之间的遗传信息传递称为"复制"（Replication）。由于绝大多数生物都是采用 DNA 来保存和传递遗传信息，因此，揭示 DNA 的复制机制就成了科学家的重要目标。1953 年，沃森和克里克发表了著名的 DNA 双螺旋模型的文章，结尾处就用了这样的句子："我们注意到，我们所提出的（碱基）配对原则显然给出了一种遗传物质可能的复制机理"。他们随后又迅速发表了一篇论文，明确提出了 DNA 是如何传递遗传信息的模型——半保留复制。两位美国科学家梅塞尔森（Meselson M）和斯塔尔（Stanl F）在 1958 年用实验证实了 DNA 的半保留复制。自此，人们知道了生命中最重要的遗传信息在分子层面上是如何"拷贝"的。

DNA 双螺旋由两条方向相反、相互平行的脱氧核苷酸链构成，一条单链上的碱基按照"碱基互补原则"与另一条单链上相应的互补碱基形成氢键，即 A 与 T 配对、G 与 C 配对。换句话说，根据碱基配对原则，一条核苷酸链上的碱基顺序一旦确定下来，另一条与之互补的核苷酸链上的碱基顺序也就被相应确定下来。在 DNA

的复制过程中,亲代 DNA 双螺旋链首先被解旋酶打开成为两条单链;它们作为模板按照碱基配对原则分别指导了两条子代互补新链的合成,复制结束时产生了与亲代 DNA 分子的碱基序列一样的两个子代 DNA 双螺旋分子。由于子代 DNA 分子的双链有一条来自亲代,另一条为新合成的,故称为半保留复制。

DNA 分子与许多种类的蛋白质结合在一起,主要以 146 个碱基的长度缠绕在组蛋白八聚体上形成核小体;这些核小体作为基本结构单元进一步折叠形成染色质。因此,真核细胞里的 DNA 复制不是两条多核苷酸链简单的"裸奔",而是采用了染色质复制的方式,不仅要进行 DNA 分子的半保留复制,而且新合成的两个子代 DNA 分子还要与组蛋白进行复杂的折叠。构成核小体的组蛋白八聚体含有 4 种组蛋白——H2A、H2B、H3 和 H4,每种两个分子。在 DNA 复制期间,细胞一方面保留了亲代染色质上的组蛋白组分,另一方面进行了新的组蛋白合成;一旦 DNA 复制完成,在新生 DNA 链上立刻要利用原有的组蛋白和新合成的组蛋白进行核小体的组装,进而形成完整的子代染色质。

在 DNA 复制过程中,新合成链上碱基与模板链上的碱基正确地配对是关键;只要有一个碱基配错,就有可能给个体带来危害。因此,生物体内的 DNA 复制是一个"高保真"的过程,平均每合成 10^{10} 个碱基只会产生一个配对错误。为了保证进行"高保真"的复制,生物体想了很多办法。首先是发展出能够少犯错误的 DNA 聚合酶;这些酶就如同一个认真的排字工人,能够根据 DNA 模板链上的碱基种类,尽可能从脱氧核苷酸"库"里挑选出相应的与之配对;其失误的可能性为 10^{-5}。如果出现了配对错误,还有一种机制可以及时地在复制过程中进行改正,即通过一种外切核酸酶将正在合成的新链上错误的脱氧核苷酸及时切除,换上正确的脱氧核苷酸;这个机制能够将配对错误的概率降到 10^{-7}。复制工作结束后,还有一种类似于出版社文字校对机制的"错配修复"(Mismatch Repair)系统对复制好的 DNA 分子进行检查;如果发现有错配碱基存在于 DNA 链上,这种 DNA"校对"系统能够进一步给予改正;从而使碱基配对错误的概率降到 10^{-10}。

在"中心法则"提出之初,人们认为只有 DNA 能够进行自我复制,而 RNA 则没有这种自我复制的能力。但是,对病毒的研究发现情况并非如此。有一大类病毒是采用 RNA 而非 DNA 来存储遗传信息,包括单链 RNA 病毒(如狂犬病毒)和双链 RNA 病毒(如呼肠孤病毒)。当 RNA 病毒进入宿主细胞后,病毒通常利用自身携带的 RNA 聚合酶,以病毒 RNA 链为模板,同样按照碱基配对原则合成新的病毒 RNA 分子。

研究者还发现,这种 RNA 复制不限于没有 DNA 的 RNA 病毒,也能够在酵母和某些植物细胞中进行,即可以通过这些生物体中依赖 RNA 模板的 RNA 聚合酶进行某些 RNA 链的复制。最近一项研究首次发现,在人类细胞中存在着一类全新的小 RNA 分子(sRNA),它们可能也是来自 RNA 复制。这类长度小于 200 核苷酸的小 RNA 位于 mRMA 的 3′末端;由于这类广泛分布于不同基因转录本的 sRNA 都在 mRMA 的 3′末端准确开始,所以研究者认为,细胞可能采用了一种类似于依赖 RNA 模板的 RNA 聚合酶,沿着 mRMA 的 3′末端合成这类 sRNA①。这些研究工作表明,自我复制不是 DNA 的"专利",RNA 分子也能够进行复制(图 2.1)。

2.1.3 选择性地阅读

生命在分子层面采用复制策略解决了遗传信息的保存和在个体间的传递问题,但是还有一个重要的问题需要解决——如何利用遗传信息?为了解决这个问题,生命首先发展出了"生命之书"特有的阅读方式,称之为"转录"(Transcription),即把 DNA 分子上的遗传信息按照碱基配对原则记录到一个 RNA 分子上。其主要过程如下:将 DNA 双螺旋链解开,以其中一条单链中的一段脱氧核苷酸序列为模板,RNA 聚合酶以 ATP、GTP、CTP、UTP 4 种三磷酸核苷为原料,按照碱基配对原则合成一条具有互补碱基的 RNA链。由于 RNA 的 4 种碱基中有一种为尿嘧啶(U)而非 DNA 中的胸腺嘧啶(T),所以在碱基配对时腺嘌呤对应尿嘧啶(A—U)。因此,按照碱基配对原则,DNA 分子中贮存的遗传信息通过转录传递到了 RNA 分子中。

转录过程与复制过程有一个根本的区别,前者只利用"生命之

① Kapranov P, Ozsolak F, Kim SW, et al. New class of gene-termini-associated human RNAs suggests a novel RNA copying mechanism[J]. Nature, 2010, 466:642 - 646.

书"中部分遗传信息进行工作,而后者则要完整地拷贝全部遗传信息,因此,生物体的转录活动可以称之为"选择性阅读";主要体现在以下三个方面。

首先是采用不同的 RNA 聚合酶去"阅读"DNA 分子上的不同内容。尽管在简单的大肠杆菌等原核生物中只有一种 RNA 聚合酶负责所有的转录活动,但在真核生物中则有三种酶分别负责不同种类 RNA 的合成,包括 RNA 聚合酶 I、RNA 聚合酶 II 和 RNA 聚合酶 III。RNA 聚合酶 I 主要合成核糖体 RNA(rRNA),而核糖体则是制造蛋白质的"工厂";RNA 聚合酶 II 主要是"阅读"编码蛋白质的基因,进而合成用来指导蛋白质上氨基酸排列顺序的信使RNA(mRNA);而 RNA 聚合酶 III 则主要合成转运氨基酸的 RNA(tRNA)。

其次是每次转录遗传信息的活动都有特定的方向,依照一条从 3′端到 5′端方向的 DNA 模板链,合成一条从 5′端到 3′端方向的互补 RNA 链。由于 DNA 双螺旋是由两条反向平行的多核苷酸链构成,因此,每条单链都可以用做模板链。换句话说,不同的基因并不是局限在 DNA 双螺旋的某一条链上,而是两条链上都分别有许多基因,每一次转录活动只选择其中的一条链进行。更重要的是,每次"阅读"活动都有严格的起点和终点。基因作为一个完整的"句子",有着确定的开始位置——"起始密码"、确定的结束位置——"终止密码";RNA 聚合酶必须严格地按照这些规定位置开始和结束其合成 RNA 分子的任务。为了确保转录能够正确地起始,通常在基因转录起始点序列的上游还专门设了一个"启动子"（Promoter）序列，作为 RNA 聚合酶结合的区域最重要的一点是，在不同外部条件下生物体能够选择性"阅读"基因组这本"书"里不同的"句子"。转录起始是一个受到严密调控的过程，需要许多蛋白质的参与，其中最重要的一类蛋白质称为"转录因子"（Transcription Factors）。一般情况下，RNA 聚合酶必须与转录因子形成转录起始复合物，才能结合到启动子上。转录因子能够识别特定的 DNA 序列，不同的转录因子识别不同的序列。在不同的转录因子帮助下，同一个 RNA 聚合酶能够转录不同的基因。转录因子根据"阅读"的特点可分为两类，一类是普适性转录因子，机体内各种组织细胞都有，主要涉及机体的基本生理活动；另一类是特异性转录因子，只在特定的组织细胞中才发挥作用，或者只对特定的外部刺激与信号给予响应。显然，生物体需要种类繁多的转录因子来满足不同的"阅读"要求。据统计，人类基因组里用来编码转录因子的基因数过千，有可能达到基因总数的 10% 左右。

尽管中心法则规定遗传信息的流向是从 DNA 到 RNA，但研究人员发现遗传信息也可以反向流动——从 RNA 到 DNA，称为"逆转录"（图 2.1）。一些 RNA 病毒采用逆转录的方式复制其遗传信息，如艾滋病（HIV）病毒就是一种典型的逆转录病毒。这类病毒利用其特有的逆转录酶（也称为依赖 RNA 的 DNA 聚合酶），在病毒 RNA 模板指导下合成与 RNA 互补的 DNA。需要指出的是，逆转录现象并非是病毒特有的，真核生物也有此能力，其代表就是染色体端粒 DNA 的合成。真核生物的 DNA 分子呈线状，其两个末端称为端粒，由一个很短的重复序列构成；端粒的 DNA 序列在复制过程中不能用 DNA 聚合酶直接合成，需要一种被称为端粒酶的物质的帮助进行端粒的复制；这是一个典型的逆转录过程：端粒酶以其携带的 RNA 链上一个片段作为模板，合成出端粒 DNA 重复序列。

2.1.4 巧妙的信息交换

生命之所以发展出"选择性阅读"的转录模式，最终目的就是要把遗传信息的"知识"化为生命的"力量"，制造出执行生命活动的各种蛋白质。为此，生命还需要解决一个难题：如何将核酸碱基序列承载的遗传信息转换为蛋白质的氨基酸序列。复制过程和转录过程均发生在核酸分子之间，不论是 DNA 或是 RNA，都可以按照碱基配对原则保存和传递遗传信息。可是，碱基配对原则不能用于氨基酸之上。面对这个难题，生命发展出了一种巧妙的"同构"策略给予解决。同构(Isomorphism)本是一个数学概念，用来指称两个对象之间的映射，即两类不同系统之间存在信息的交换；通过这种交换，一个系统的结构可以用另外一个系统的结构表现出来。在这种同构交换过程中，信息保持不变。通常把生物体内这种通过同构交换信息的过程称为"翻译"(Translation)。换言之，"生命之书"描绘的"蓝图"通过翻译过程实现了"生命大厦"的建构。

破译信息的关键是要有一个密码本。生命也不例外，即利用三个碱基对应一个氨基酸的规则构建了 64 个密码子(图 2.2),从而在碱基序列和氨基酸序列之间形成同构关系。翻译过程就是用来实现这种同构变换。首先是把携带着目标蛋白密码子的 mRNA 链结合到负责合成蛋白质的核糖体(Ribosome)上,然后在 mRNA 链上密码子序列的指导下,各种 tRNA 把对应的氨基酸逐一转运进核糖体,核糖体再利用酶的催化作用进一步将这些氨基酸用肽键连接起来。

在碱基序列到氨基酸序列的同构过程中,tRNA 是一个不可或缺的核酸分子;它的一端携带有能够与 mRNA 链上密码子配对的、由三个碱基构成的一个"反密码子";另一端则结合着与密码子对应的氨基酸。一旦 mRNA 链上一个密码子与 tRNA 上的反密码子配对成功,其携带的氨基酸就能够接到正在合成中的肽链之上。理论上讲,一个 tRNA 只能连接一种氨基酸,但由于大多数氨基酸都分别对应于若干个密码子,因此通常是多个 tRNA 结合一种氨基酸。

还有一个重要的环节不可忽略,即这些 tRNA 必须正确地连接上对应的氨基酸。如果一个 tRNA 连接上一个错误的氨基酸,其反密码子和密码子的配对即使正确也没用,正在生长的多肽链将依然接收到一个错误的氨基酸。生命采用了一种具有高度专一性的氨酰-tRNA 合成酶来解决这个问题。20 种氨基酸都有其相应的氨酰-tRNA 合成酶;每一个酶能够专一性识别特定的氨基酸侧链和对应的 tRNA 空间构象。为了保证氨基酸和 tRNA 之间的正确连接,这类酶通常还具有一种"编辑"功能,可以对错误连接进行校正。

一旦该酶在连接过程中把二者接错了，错误的氨基酸会引起 tRNA 的构象异常，酶能够迅速地察觉到这种异常，采用其携带的水解酶活性将错误的氨基酸从 tRNA 上移除，然后再接上一个正确的氨基酸。这个自我校对过程称为"蛋白质编辑"（Protein Editing）[①]。

　　最初人们相信，这 64 个密码子"放之四海而皆准"，所有生物在合成蛋白质的过程中都是依据这个密码表来选择对应的氨基酸。但是，随着研究的深入，研究者发现了许多例外。生物体在合成蛋白质时偶尔会用到一些特殊的氨基酸，就会采用终止密码子来负责氨基酸的编码，如硒半胱氨酸由终止密码子 UGA 编码，而吡咯赖氨基酸则由终止密码子 UAG 编码。值得注意的是，独立拥有自己基因组的线粒体在合成蛋白质时，几个密码子的用法与细胞核基因组不一致，如终止密码子 UGA 在无脊椎动物和哺乳动物的线粒体中编码色氨酸；而编码精氨酸的密码子 AGA 在无脊椎动物线粒体中编码丝氨酸，在哺乳动物的线粒体中则用做终止密码。

　　最令人惊奇的是，在某些细菌和真菌中存在一种被称为非核糖体肽合成酶（Nonribosomal Peptide Synthetase，简称 NRPS）的物质，它不用 mRNA、tRNA 和核糖体而直接催化合成多肽链。NRPS 就如同一个模块化的多肽合成"流水线"，每个模块都有其特定的构象，这种构象好像它的"密码子"，用来挑选出相应的底物氨

---

① Perona JJ, Gruic-Sovulj I. Synthetic and editing mechanisms of aminoacyl-tRNA synthetases[J]. Top Curr Chem，2014，344：1-41.

基酸,并将其连在上一个模块制造好的多肽链上,然后传递给下一个模块。n 个模块构成的 NRPS 能生成包含 n 个氨基酸的多肽。最重要的是,由于 NRPS 绕过了中心法则,它生成的多肽不受遗传密码子和 20 种常用氨基酸的限制,可以从超过 500 种非蛋白来源的氨基酸底物及其他化合物(如水杨酸、吡啶羧酸等)中挑选肽链的组件。因此,NRPS 的产物具有极高的多样性和可变性。不久前研究者发现了一种新细菌 *Ca. E. kahalalide faciens* 可以利用 NRPS 合成一种名为 Kahalalide F 的有毒小肽;这种毒肽结构很奇特,它由 13 个氨基酸构成,其中有 7 个 D 手性氨基酸、2 个非蛋白来源的氨基酸,其头部是脂肪酸,尾部则进行了环化。

如果将大自然创作"生命之书"与人类写文字之书做一个比较,二者不仅都有一系列明确的创作规范用来指导书写,而且也常常会出现许多破坏既定规则的创新之举。**创作规范保证了绝大部分作品的统一性和可理解性,而对规范的偏离则提供了开放性和创新性。这也许提示我们,自然的创造和人为的创造都有着内在的一致性。**

2.2 变与不变的整合

民间俗语"种瓜得瓜,种豆得豆"形象地解释了生命最根本的特质——遗传性(Heredity),遗传性指的是通过遗传信息的传递使得亲代与子代之间的生物学性状保持不变。但是，另外一句俗语"龙生九子"却说出了生命的另一个重要特征——变异（Variation），指的是亲代与子代之间、兄弟姐妹之间有着明显的差异。"遗传学"这个名称有时容易让人过度关注遗传现象，而忽略变异现象；或者让人倾向于从正面角度看待遗传活动，认为生命离不开遗传活动；而从负面角度看待变异活动，认为大多数突变都是有害的。其实，遗传与变异是一个钱币的两面，谁也离不开谁；二者对生命同等重要，没有遗传就没有生命；而如果没有变异，地球上恐怕到今天也只有大肠杆菌一类的简单生物，甚至可能是一些比大肠杆菌更为原始的生命。更重要的是，遗传和变异之间有着非常复杂的关系，如同中国传统文化中的阴和阳一样，**生命的首要任务就是要"平衡"好遗传和变异之间的关系。**

2.2.1 从遗传因子到表型性状

19 世纪的奥地利生物学家孟德尔被公认为现代遗传学奠基人。他最重要的贡献是揭示了生物体的高矮或颜色等各种性状不能直接进行世代之间的传递，它们的遗传活动由"遗传因子"所控制。随后德国生物学家魏斯曼（Weismann A）在其"种质连续学说"的遗传理论中给出了更明确的说法：生物体可分为"种质"和"体质"两部分；种质是具有稳定性和连续性的遗传物质，即存在于细胞核中的染色体；而体质则是由种质发育而来的，在世代之间是不连续的。该遗传理论还认为，只有种质发生的变异才是可遗传的变异；

如果环境的影响只改变了体质，并没有引起种质发生相应的变异时，这种体质的变异是不能遗传的。显然，"种质"等同于"遗传因子"，即我们今天所熟知的基因；而体质则是指性状。

可以这样说，**遗传现象的这种"二分法"是经典遗传学的基石；遗传学的主要任务就是探讨遗传物质与性状之间的关系**；前者称为"基因型"（Genotype），通常是指生物个体中控制某个或某些性状的基因组成；后者则称为"表型"（Phenotype），指生物个体的形态结构和生理生化特征等各种性状之总和。经典遗传学认为，基因型决定表型。这种基因决定论有两层含义：一是指代与代之间只有基因可以传递；二是指个体拥有的基因决定了其性状的形成。

组成表型的性状种类繁多，一般可以根据控制性状的基因数量分为简单性状和复杂性状。在动植物等二倍体生物中，子代个体分别携带着来自父本和母本生殖细胞的两套染色体，称为同源染色体；在同源染色体相同位置上的一对基因称为等位基因；而由等位基因所决定并有明显差异的性状就属于简单性状，通常称为相对性状。相对性状一般表现为显性性状和隐性性状，前者是指两个等位基因完全一样时和不一样时都能出现的性状，后者则指只有两个等位基因完全一样时才能出现的性状。控制显性性状的基因叫显性基因，通常用大写英文字母表示；控制隐性性状的基因叫隐性基因，通常用小写字母表示。假如用 A 和 a 分别表示等位基因中的显性基因和隐性基因，决定显性性状 X 的基因型就可以是 AA 或 Aa，而决定隐性性状 Y 的基因型则只有 aa。基因型 AA 或 aa 称为纯合子，而基因型 Aa 则称为杂合子。

复杂性状则是指由多对非等位基因所控制的性状，例如血压、血糖或脂肪能量代谢。显然，复杂性状主要涉及两个方面，一方面是参与某一个特定性状调控的基因数量；另一方面是参与调控该性状的各基因的贡献大小和作用机制。人类对高原环境的适应是一个典型的复杂性状，世代居高原的人群通常能够适应高原的低压性低氧环境而不产生"高原反应"。前不久，中国研究人员对世代居青藏高原藏族人的全基因组外显子进行测序，并将结果与低海拔汉族人群以及高加索人群的全基因组外显子进行对比，发现了 30 多个藏族人群高原适应相关基因，其中一个基因 EPAS1 可能起着关键作用；该基因通常在低氧诱导调节通路中发挥着重要作用。通过对藏族人群中 EPAS1 基因位点的进一步分析，发现藏族人群的 EPAS1 基因不同于汉族人群，其受选择的基因型与血红蛋白的代谢有关[1]。

由于基因组内各个基因之间存在着广泛的联系，如何判定这些基因对复杂性状的贡献大小是一个巨大的挑战。美国科学家最近通过大数据分析和理论预测，提出了一个决定复杂性状遗传的"全遗传模型"（Omnigenic Model）：认为对某个复杂性状而言，必然存在若干个对其发挥着重要作用的核心基因；但与这些核心基因相联

---

[1]　Yi X，Liang Y，Huerta-Sanchez E，et al. Sequencing of 50 human exomes reveals adaptation to high altitude[J]. Science，2010，329：75－78.

系的或者与其有相互作用的"外周基因"(Peripheral Genes)也在一定程度上影响该性状；尽管每个外周基因对性状影响很小，但这些外周基因数量有成千上万，远远超过其核心基因数量；因此，可能是外周基因而非核心基因决定了该复杂性状的遗传模式[①]。

遗传性疾病传统上通常分为孟德尔遗传病和复杂疾病两种。孟德尔遗传病一般由单基因突变导致，可分为显性遗传病和隐性遗传病；通常在人群中的发病率较低，表现出很强的家族聚集性，如镰刀状细胞贫血症和色盲等。每年2月的最后一天被定名为国际"罕见病日"；目前罕见疾病已超过7000种，其中80%以上的疾病都属于单基因变异的遗传病。

复杂疾病往往受多个基因控制，在人群中发病率高，其遗传模式复杂，如癌症、高血压、糖尿病等。但是，通过对遗传病基因数据库的分析发现，孟德尔遗传病基因和复杂疾病基因并不像通常的分类那样界限分明，在这两类疾病基因之间存在大量的重叠；而且这两类疾病共同关联的基因数量比基于统计学随机假设的预期数目多出8倍；此外，这种类型的基因往往关联更多的疾病和表型性状，这些特点表明它们在生物进化过程中发挥着重要的作用[②]。

影响表型的遗传差异不仅有遗传突变，而且还有遗传多态性；

① Boyle EA, Li YI, Pritchard JK. An expanded view of complex traits: from polygenic to omnigenic[J]. Cell, 2017, 169:1177-1185.

② Jin W, Qin P, Lou H, et al. A systematic characterization of genes underlying both complex and Mendelian diseases[J]. Hum Mol Genet. 2012, 21:1611-1624.

前者指个体基因组的正常核酸序列发生了改变,后者指各种遗传变异在群体中的分布。群体中最主要的遗传多态性是"单核苷酸多态性"(Single Nucleotide Polymorphism,SNP)。尽管个体与个体之间的基因组序列绝大部分是一致的,但仍有少量的差异存在,就好比同一文本的不同版本。而 SNP 就是决定个体差异的最主要的"内因"。

为了绘制最详尽的人类基因多态性图谱,寻找基因与人类疾病之间的关系,美、英、中等多国科学家联合启动了"千人基因组计划",对来自 26 种人群的 2504 个个体全进行了基因组测序、DNA 变异分析和 SNP 分型等,建立精细的人类基因组变异数据库。2015 年,该协作组公布了高分辨率的人类基因组遗传变异整合图谱;总共检测到 8800 万个变异,其中就有 8470 万个 SNP[①]。人们已经认识到,正是这些微小的基因组差异,导致了人与人之间对环境、疾病和药物等的不同反应。

需要强调的是,在基因型和表型之间涉及一个重要的"第三者"——环境。经典的遗传学用了这样一个公式来描写三者的关系:表型=基因型+环境。也就是说,任何一种基因型都必须在特定的环境条件下才能实现其对应的表型性状,而且同样的基因型在不同的环境条件下可能出现不同的表型。人们熟知的苯丙酮尿症

---

① The 1000 Genomes Project Consortium. A global reference for human genetic variation[J]. Nature,2015,526:68–74.

就是一个很好的例子。该病是由苯丙氨酸羟化酶基因突变引起的一种智力障碍疾病——由于基因变异而不能代谢苯丙氨酸,使该氨基酸在体内长期累积进而损伤中枢神经。该病属于上面介绍的控制简单性状的单基因隐性遗传病,一旦个体基因型为携带了两个等位基因突变的纯合子,就能够导致疾病的发生。但是,如果及时给予这类携带基因突变的个体低苯丙氨酸饮食,使苯丙氨酸的摄入量既能保证生长的最低需要,又能避免血中含量过高,那么这些具有致病基因型的个体之表型与正常人的没有太大差别。

近年来的一项研究表明,基因型与表型之间的关系远比人们预想的复杂。通过对20 000多名冰岛人基因组内60 000多个SNP的分析,发现那些父母没有遗传给子女的等位基因依然能够显著影响子女的多种性状,如教育水平、高密度脂蛋白水平、空腹血糖水平、体重和身高等;其中对教育水平的影响最为显著[1]。这种父母等位基因对子女性状的间接作用被称为"遗传培育"(Genetic Nurture);研究者还发现,在不同的性状上父母的"遗传培育"影响还不一样,一方面父母双方对子女教育水平的遗传培育影响相似,另一方面母亲对子女营养以及健康相关的性状的遗传培育影响要大于父亲。研究者认为,这种亲代的基因型与子代的表型之间的"遗传培育"效应不是源于子代自身的生物学反应,而是来自与亲代基因型紧密相

---

① Kong A, Thorleifsson G, Frigge ML, et al. The nature of nurture: Effects of parental genotypes[J]. Science, 2018, 359:424-428.

关的家庭环境①。

综上所述，**生物体的基因型与其表型之间的关系绝非一种简单的线性关系。**对于单基因决定的简单性状而言，基因型是决定表型的必要条件，但离不开相应的环境条件之支持。对于多基因决定的复杂性状来说，不仅有多个基因各自发挥的作用，以及多种环境条件施加的作用，而且各种基因之间的相互作用以及基因与环境之间的相互作用也都会影响到复杂性状的形成。这也正是那些涉及多种遗传变异和多种环境条件的复杂疾病——肿瘤、代谢性疾病和神经退行性疾病——难以攻克的问题之所在。

2.2.2 无性繁殖与有性繁殖

繁衍活动是生物个体之间传递遗传信息的主要方式，是生命与非生命的关键区别。生物体繁殖后代的活动可以简单分为两类：无性繁殖和有性繁殖。无性繁殖不需要生殖细胞的参与，亲代个体自我繁殖产生子代个体，如细菌、酵母和草履虫等单细胞生物可以简单地通过细胞分裂这种一分为二的方式进行后代的繁殖。而有性繁殖则需要来自父母双方的生殖细胞，并要通过受精过程使这两种生殖细胞结合在一起，然后才能发育形成子代个体。

生命演化的早期显然采用的是无性繁殖的方式。无性繁殖从

---

① Kong A, Thorleifsson G, Frigge ML, et al. The nature of nurture: Effects of parental genotypes[J]. Science, 2018, 359:424 - 428.

遗传学的角度来看有这样三个特点。首先,繁殖过程简单,亲代个体独自"一人"就能搞定,没有复杂的受精活动;其次,亲代的遗传信息在传递给子代的过程中不会丢失,从而保证了子代拥有完整的亲代遗传信息;最重要的是,无性繁殖过程中遗传信息的变异程度远远低于有性繁殖;假如不考虑 DNA 上偶尔产生的自发突变或外部环境刺激下的诱发突变,那么通过无性繁殖产生的后代,不论传了多少代,不论产生了多少子代个体,每一代、每一个体都具有相同的遗传信息。

尽管现在还不能确定生命具体是什么时候开始进行有性生殖的,但古生物学证据表明,这种繁殖方式应该发生在 12 亿年之前,因为发现了那个时期的一种红藻化石,其中含有类似于孢子的生殖细胞。换句话说,生殖细胞的出现是进行有性生殖的前提,也是有性生殖实施的基础。

大多数动植物都是二倍体生物,即拥有分别来自父本和母本的两套染色体。以人为例:人体细胞中有 46 条染色体,其中 23 条来自父亲,23 条来自母亲;除了决定性别的性染色体有差别外,其余 22 条父本染色体和 22 条母本染色体是一一对应的,称为同源染色体;因此也可以这样说,人体细胞拥有 22 对同源染色体和 2 条性染色体;这也就是"二倍体"名称的由来。人体拥有大约 30 万亿个细胞,分为两大类——体细胞和生殖细胞。体细胞负责个体的各种生命活动,如肌肉细胞负责运动,血液红细胞负责转运氧气和二氧化碳;而生殖细胞,不论是精子还是卵子,则只是用于繁殖活动。这两类细胞最大的差别就在于:体细胞是二倍体,而生殖细胞则是单倍体。

　　在受精过程中,单倍体的精子和卵子结合形成一个二倍体的受精卵,随后在个体发育过程中采用"有丝分裂"的方式扩增其体细胞的数量,即一个二倍体细胞内的染色体复制一次,复制好的染色体再一分为二地分配到两个通过有丝分裂产生的子细胞中,从而形成两个二倍体的体细胞;机体就是这样一次又一次用有丝分裂方式来增加体细胞。然而,机体内的生殖细胞形成则采用了另外一种细胞分裂方式——减数分裂;在这个过程中,染色体复制了一次并分配到连续分裂了两次的细胞中,形成了 4 个单倍体的生殖细胞,其染色体数量与体细胞的相比减少了一半。

　　有性繁殖使得二倍体生物拥有了同源染色体,进而才出现了等位基因。需要强调的是,等位基因指来自父母同源染色体的一对基因在染色体的位置是一样的,但这两个基因序列可能是一样的,也可能不一样;完全一样的称为纯合子,有差别的称为杂合子;此外,在序列不一样的等位基因中,常常可以区分出显性基因和隐性基因,进而带来了显性性状和隐性性状;显性性状指在纯合子和杂合子中都能表现的性状;而隐性性状则只有在纯合子中才能出现。

　　显性基因和隐性基因的存在不仅造成了个体之间的差别,而且还可以对群体带来巨大的影响。例如,前面介绍过,镰刀状细胞贫血症是血红蛋白基因突变造成的隐性遗传性疾病。研究者发现,在非洲和东南亚那些疟疾流行的地区,携带一个血红蛋白基因突变的杂合子人群数量大于非疟疾流行地区的杂合子人群,因为疟原虫在杂合子红细胞上很难生长,所以杂合子个体既没有发病,又具有抗疟疾的生存优势。可以这样认为,遗传学正是建立在有性繁殖的基础上,主要任务就是研究等位基因的遗传和变异规律。

更重要的是,从二倍体细胞形成单倍体生殖细胞的过程能够带来更多的遗传变异。通常二倍体生物具有多对同源染色体,如人类有 22 对。这些同源染色体在减数分裂过程中被随机分配到单倍体细胞中,没有偏好性;不会把来自父本的所有染色体只分配到一个生殖细胞,也不会把来自母本的染色体全部只放进另一个生殖细胞。假设一个二倍体细胞有两对同源染色体 AA′ 和 BB′,它们可以形成 4 种单倍体组合——AB、AB′、A′B、A′B′,从而产生 4 种具有不同染色体的生殖细胞。想象一下,人类细胞的 22 对同源染色体可以形成多少种单倍体组合!由于每一条染色体上通常都携带有成百上千个基因,这些染色体之间的随机组合显然就导致了各种基因之间更大规模的组合。因此,个体的生殖细胞之间有着很大的遗传差别,而体细胞之间的遗传物质则基本是一样的。

对生命而言,生殖细胞具有以上这些遗传差异还不够多,于是还发展出了减数分裂过程中的"重组"方式,利用该方式在同源染色体之间进行 DNA 片断的交换,从而增加生殖细胞的遗传变异程度。具体来说,在减数分裂的初期,各对同源染色体之间两两紧密配对,然后染色体上某一位置的 DNA 片段相互进行交换,从而导致了父本同源染色体上的基因重组到了母本同源染色体上,而母本的基因则重组到父本之上。也就是说,通过减数分裂的重组之后产生的生殖细胞,不论精子还是卵子,实际上拥有了一套不同于亲代染色体的遗传物质。

同源染色体重组可以同时发生在染色体的多个位置,但基因所处的染色体位置不同,其重组频率就有差异。在染色体重组过程中,DNA 双链断裂(Double-Strand Breaks,DSB)是重组的起始步骤。通过对人类基因组双链断裂位点的高精度分析,研究者检测到近 40 000 个 DSB 热点,超过小鼠基因组上的 DSB 热点一倍以上[①]。DNA 双链断裂不仅驱动同源染色体重组,而且能够导致新发突变(de novo mutation),从而能够进一步提升生殖细胞的遗传变异程度。不久前一项研究利用冰岛独特的群体遗传资源构建了人类最新基因组遗传图谱,其中研究者通过父母与子女基因组序列比较,鉴定出 450 万余个重组和 20 万个新发突变。重要的是,在重组位点 1000 个碱基范围内发生新发突变的可能性比基因组中其他位置高出 50 倍左右,因此重组本身就是新发突变的主要诱因[②]。

由此可见,生命之所以要在简单的无性繁殖之外演化出有性繁殖这样麻烦的方式来繁衍后代,就是因为有性繁殖方式能够产生大

① Pratto F, Brick K, Khil P, et al. Recombination initiation maps of individual human genomes[J]. Science, 2014, 346, 1256442.

② Halldorsson BV, Palsson G,. Stefansson OA, et al. Characterizing mutagenic effects of recombination through a sequence-level genetic map[J]. Science, 2019, 363, eaau1043.

量遗传信息各不相同的生殖细胞,而这些生殖细胞的结合又能够产生众多具有各种各样遗传差异的个体。可以这样认为,地球上的生命靠着有性繁殖才变得如此丰富多彩。总之,**有性繁殖的目标就是:增加遗传变异的程度,提高遗传变异的速度。**

2.3 双向流动的信息

经典的遗传学观点认为,多核苷酸链上的碱基序列负责记录所有可以遗传的信息,并决定个体的表型;环境因子参与基因型决定表型的过程,但不能改变基因型。可以看到,这种观点提出了遗传信息的两个特性。首先是唯一性,生命只用核苷酸序列来记录和传递遗传信息;其次是单向性,即遗传信息流动是单方向的,从基因型到表型。根据这个观点,个体在其生存活动中获得的特性,不论好坏,都不会遗传给后代;比如一个人因膳食不平衡导致的肥胖是不会遗传给后代的。也就是说,个体在身体内建了一道无形的"墙",让在环境作用下后天获得性状的有关信息进不到生殖细胞的 DNA 序列上,因此后代是不会受到亲代生存环境之影响。然而,表观遗传现象的发现打破了这道"墙",生命其实还具有许多能够记录活动信息的手段;更重要的是,**亲代能够用这些不同于碱基序列的信息记录手段,把自身在环境作用下获得的性状遗传给下一代。**

2.3.1　彩色的"生命之书"

"生命之书"利用 4 个碱基作为"单词",写下了众多编码蛋白质的基因"句子",并通过转录方式选择性地"阅读"这些基因。近年来的研究发现,生命发展了许多精巧的手段来帮助基因的选择性"阅读"。这些调控手段中主要的一类是对核苷酸和蛋白质进行化学修饰;其中最常见的是 DNA 的甲基化修饰和组蛋白的乙酰化或甲基化等修饰。DNA 甲基化通常是指胞嘧啶上的甲基化修饰,即 DNA 甲基化转移酶在多核苷酸链的 CpG 二核苷酸的胞嘧啶 C 上用共价键结合一个甲基基团(CH_3)。最近的研究发现,生物体并非仅限于在 DNA 胞嘧啶上进行甲基化修饰,从原核生物到真核细胞的 DNA 链上还发现了腺嘌呤甲基化修饰[1]。此外,与 DNA 紧密结合的组蛋白有着更广泛的化学修饰,仅仅在组蛋白 H3 的 N 末端 50 多个氨基酸残基上就有 20 多个位点可以进行化学修饰;而每个氨基酸位点上的化学修饰可以有 10 多种,常见的有甲基化、乙酰化、磷酸化、泛素化等不同的化学修饰。

DNA 甲基化修饰和组蛋白修饰最重要的功能就是调控基因的转录活动。在大多数情况下,基因启动子区域的 DNA 甲基化修饰会阻止转录因子的结合,从而抑制了基因转录的起始。在人类基因

---

[1]　Heyn H, Esteller M. An adenine code for DNA: A second life for N^6-methyladenine[J]. Cell, 2015, 161: 710 – 713.

组中,CpG 高度密集的区域(称为 CpG 岛,长度从 300—3000 碱基不等)近 30 000 个;这些 CpG 岛的数目与染色体上基因分布密度有很好的对应关系,通常位于基因的启动子上,是甲基化修饰的热点。可以想见,DNA 甲基化修饰在大部分基因转录调控中扮演着重要的角色。组蛋白修饰同样在基因转录调控中发挥着重要作用。组蛋白 H3 和 H4 的乙酰化修饰可使得染色质结构更为开放,从而有利于基因的转录;而它们的去乙酰化则会抑制转录的进行。此外,组蛋白 H3 的不同氨基酸位点的甲基化对转录过程有不同的调控作用,既有促进作用,也有抑制作用。

最重要的是,这些控制基因转录活动的化学修饰往往很稳定,能够通过细胞分裂的方式遗传给子代细胞。多细胞生物体拥有许多形态、功能差别很大的细胞类型;不同类型的细胞之间的主要差别就是基因表达的差别,在一种细胞里活跃的基因在另外一种细胞里可能处在沉默状态。也就是说,基因转录状态的"可遗传差异"在维持这些不同种类细胞中发挥着重要的作用。显然,在这种基因转录状态的遗传过程中,DNA 碱基序列没有发生改变。人们把这种在相同 DNA 序列之下基因表达调控方式变化的遗传活动称为表观遗传;由此产生了一门新学科:表观遗传学(Epigenetics)。如果把 DNA 和染色体带有的各种化学修饰视为不同的颜色,那么"生命之书"就不是单色印刷文本,而是一本五颜六色的彩色图书;不仅用碱基序列写出的"文字"可以被复印和传递,用化学基团涂抹在这本"书"里产生的各种"颜色"也可以被复印和传递。

表观遗传活动的发现不仅破除了碱基序列是生命遗传活动唯一载体的"迷信"，而且拆除了在环境变化与遗传变化之间的"隔离墙"，把这两种变化紧密地联系起来。一方面生物体内和体外的环境影响着基因表达的表观遗传变化；另一方面这些表观遗传活动能够把内外环境的影响"落实"到个体性状之改变。

一个有趣的案例是表观遗传在温度的影响下决定一种乌龟的性别。研究者早在20世纪60年代就发现，一些缺乏性染色体的爬行动物的性别完全取决于胚胎发育的环境温度，但不清楚其中的作用机制。不久前的一项研究揭示，一种组蛋白去甲基化酶KDM6B调控一种海龟的温度依赖型性别决定——在温度高时（如32℃），这个酶不活跃，组蛋白H3保持着甲基化状态，这种海龟发育为雌龟；在温度低时（如26℃），该酶被激活，然后将雄性性腺分化的关键基因 *Dmrt*1 启动子区域组蛋白H3上的甲基化修饰基团去除，使得 *Dmrt*1 转录，进而导致了雄龟的形成[①]。表观遗传不仅参与生物体的生理活动调控，而且也参与其病理活动的调控，越来越多的研究揭示，异常的环境作用引发的表观遗传活动在许多疾病的发生发展中也发挥着重要作用。

在化学基团修饰涂抹产生的"色彩"中，最吸引人的大概要属"基因印记"（Genomic Imprinting）现象，即两个等位基因根据双亲

---

① Ge C, Ye J, Weber C, et al. The histone demethylase KDM6B regulates temperature-dependent sex determination in a turtle species[J]. Science, 2018, 360: 645-648.

来源的不同而有不同的表达，或只表达来自父本同源染色体的基因，或只表达来自母本同源染色体的基因。换句话说，基因印记是指某些基因表现出一种不遵从孟德尔遗传定律的、呈亲源依赖性的单等位基因表达，仿佛这些源于父母的一对等位基因上带有某种可供识别的印记。具有这种现象的基因被称为印记基因。现在的研究表明，这种"印记"就是父母等位基因上不同的表观修饰。

经典遗传学认为，当一种性状从亲代传到子代时，涉及这种性状的等位基因无论是来自父方或母方的同源染色体，都有同等的基因表达水平，因而产生的表型效应也应该是完全相同的。但是，这一普遍规律不适用于印记基因，其原因就在于这类基因的甲基化修饰不一样。在二倍体生物的胚胎发育过程中，受精卵的基因组上某些来自精子的等位基因的甲基化修饰模式与卵子的等位基因不同，进而导致了这些等位基因具有不同的表达特性。需要注意的是，过去只是发现了印记基因保持沉默的方法是 DNA 甲基化修饰；而不久前的一项研究则揭示，细胞也可以用组蛋白甲基化修饰的方法抑制印记基因的表达[1]。

印记基因在胚胎发育过程中发挥着重要的作用。从发现的印记基因来看，父源基因通常对胚胎的贡献是加速其发育，而母源基因则是限制胚胎发育速度。也就是说，印记基因的存在反映了在胚

---

① Inoue A，Jiang L，Lu F，et al. Maternal H3K27me3 controls DNA methylation-independent imprinting[J]. Nature，2017，547：419 - 424.

胎发育时期母源和父源基因之间的性别竞争。美国科学家研究发现,在小鼠大脑发育过程及成长期中,亲源基因有着极为复杂的表达方式,已知的与小鼠大脑相关的 1300 多个基因,在不同阶段会表现出对父源和母源基因的不同偏好;母源印记基因在大脑发育阶段优先表达,而在成熟时期则是父源印记基因发挥主要作用[①]。过去认为人类基因组拥有的印记基因只有 100 多个;但现在的多项研究表明,印记基因在哺乳动物体内的数量远远超过人们的预期。

2.3.2 基因组的"暗物质"

在动植物的基因组中,编码蛋白质的基因只占一小部分。但是,在转录过程中,不仅那些与蛋白质合成相关的 mRNA、tRNA、rRNA 等被转录出来,同时还有大量的非编码 RNA 被转录出来。细胞里的这些非编码 RNA 分子虽然不直接参与蛋白质合成,但同样发挥着各种各样的生理功能。这其中有一部分非编码 RNA 如同转录因子一样,在基因转录调控中发挥着重要的作用。这类具有基因转录调控功能的 RNA 可按照链的长短分为短链非编码 RNA 和长链非编码 RNA。

调控基因转录的短链非编码 RNA 被认为是一类重要的表观遗传因子,主要有外源性的小干扰 RNA(short interfering RNA,

---

① Gregg C, Zhang J, Weissbourd B, et al. High-resolution analysis of parent-of-origin allelic expression in the mouse brain[J]. Science, 2010, 329:643 - 648.

siRNA)和内源性的微小 RNA(miRNA)。siRNA 通常是病毒基因、转座子或人为导入的基因在宿主细胞内表达的双链 RNA,其长度通常为 21 个核苷酸。siRNA 能够与同源的 mRNA 结合并使其降解;被称为 RNA 干扰。miRNA 则是由基因组的 miRNA 基因转录下来的 RNA 前体加工而成,其长度一般在 20—24 个核苷酸。miRNA 是最主要的基因表达调控因子之一,能够以多种机制调控基因的功能。它们可以结合在特定 mRNA 上,使其降解或抑制其模板效率;它们可以诱导染色质结构的改变;它们还可以用来指导 DNA 启动子的甲基化修饰。miRNA 与基因之间的调控关系很复杂:尽管多数 miRNA 表现为抑制基因表达的作用,但也有一些 miRNA 可以促进基因的表达;一个 miRNA 往往调控数个乃至数十个基因;而一个基因又可能受到多个 miRNA 的调控。目前已经在动植物中发现了 3000 多个 miRNA。估计人体基因组内大约 2/3 的编码基因都受一个或一组 miRNA 的调控。

长链非编码 RNA(long noncoding RNA,lncRNA)是指链的长度大于 200 个核苷酸的 RNA。作为基因组的"暗物质",这类 lncRNA 现在已经发现有许多基因转录方面的调控功能,包括基因印记、染色质修饰、转录激活和转录抑制。在这些 lncRNA 中,有一个参与雌性哺乳动物性染色体失活的长链 RNA——Xist RNA 研究得比较清楚。作为二倍体的哺乳动物通常是通过两条性染色体来决定性别的,雄性的是一条 X 染色体和一条 Y 染色体,雌性的是两条 X 染色体。为了保持基因表达水平的平衡,雌性需要随机地抑制其中的一条 X 染色体的转录活性，即 X 染色体的失活。X 染色体失活过程为：一条 X 染色体大量转录其自身携带的 Xist 基因，产生许多 Xist RNA 拷贝，然后这些 Xist RNA 分子缠绕在该条染色体上，导致该条染色体失活；有意思的是，这条失活的 X 染色体关闭了 Xist 基因之外的所有基因转录，但依旧持续转录出 Xist RNA，以维持本身的失活状态。

RNA 分子除了通过与 DNA 和蛋白质的相互作用调控基因转录外，它们自身也可以被各种酶进行化学修饰而发生功能的改变。首先来看参与蛋白质合成的转运 RNA（tRNA）。tRNA 是细胞中浓度最高的一类 RNA 分子，也是被修饰得最多的 RNA 分子，平均每个分子有 13 个化学修饰。但关于 tRNA 的修饰如何响应环境变化并不是很清楚。不久前美国科学家发现，在哺乳动物细胞中存在一种 tRNA 去甲基化酶 ALKBH1，它能够调控 tRNA 上的腺嘌呤去甲基化，进而调节蛋白质合成的起始和降低合成中 tRNA 的用量；更有意思的是，这种去甲基化过程受外部环境的影响，只有在低葡萄糖浓度的情况下该酶才被激活，进而降低蛋白质合成的水平；因此，tRNA 可以通过可逆的甲基化修饰作为基因转录后的调控新机制[1]。此外，核糖体 RNA（rRNA）也存在着广泛的化学修饰，其中大约 2% 的核苷酸位点可以被修饰。有研究发现，外部环境的刺

---

[1] Liu F, Clark W, Luo G, et al. ALKBH1-mediated tRNA demethylation regulates translation[J]. Cell, 2016, 167:816-828.

激能够影响 rRNA 的修饰，进而影响其功能。

mRNA 是转录活动中最重要的产物，显然也一定是化学修饰所关注的主要目标。近年来已经发现了 mRNA 上存在着多种化学修饰，其中最常见的、丰度最高的 mRNA 修饰是腺嘌呤 6 位的甲基化修饰（m^6A），主要由甲基化酶复合体（METTL3 和 METTL14）催化形成，并能够被去甲基化酶（FTO 和 ALKBH5）将甲基修饰可逆去除；这种化学修饰主要影响着 mRNA 稳定性或蛋白质合成效率。除了 m^6A 修饰外，mRNA 还具有其他类型的化学修饰，如 m^1A 和 m^5C 修饰；m^1A 修饰能够影响 mRNA 的蛋白质翻译水平；而 m^5C 则参与调节 mRNA 从细胞核到细胞质的转运活动。

RNA 化学修饰还可以与染色质发生复杂的相互作用。有研究揭示，组蛋白 H3 上的甲基化修饰（H3K36me3）可以被负责 m^6A 修饰的甲基化酶 METTL14 识别，从而介导了该酶在转录过程中对 mRNA 进行 m^6A 甲基化修饰[1]。反之，一项最新研究发现，在三类位于基因间的染色质相关 RNAs（即启动子相关 RNA、增强子 RNA 和转录自转座子元件）的重复 RNA 中，约 15%—30% 携带着与 mRNA 类似的 m^6A 修饰；这些具有 m^6A 修饰的 RNA 影响了某

---

[1] Huang H, Weng H, Zhou K, et al. Histone H3 trimethylation at lysine 36 guides m^6A RNA modification co-transcriptionally[J]. Nature，2019，567：414 - 419.

些组蛋白修饰种类在染色质上的分布,从而参与了染色质状态调控①。

综上所述,RNA 对生命的表观遗传活动有着广泛的影响,不仅有数量巨大、种类繁多的非编码 RNA 参与基因转录活动的调控,而且还有各种类型的 RNA 修饰参与基因转录和蛋白质翻译等不同层面的调控。换句话说,**生命的表观遗传活动不仅要关注染色质层面的 DNA 修饰和组蛋白修饰,而且还要重视 RNA 层面的各种非编码 RNA 以及 RNA 修饰**。因此,有研究者提出,需要建立一门专门的 RNA 表观遗传学(RNA epigenetics)。

2.3.3 拉马克的复活

对植物而言,生殖细胞和体细胞的区别不是非常严格,有时插一片叶子能够生长成一个完整的植株。而在大多数进行有性繁殖的动物中,生殖细胞和体细胞则被严格分离,体细胞基因组的变异不能传递给生殖细胞;因此,遗传信息的流动方向只能是从生殖细胞到体细胞。尽管表观遗传活动已经被公认是生命的一种重要的信息传递方式,但是许多研究者认为,表观遗传信息只能通过有丝分裂的方式在体细胞之间传递;这些表观遗传特征将在减数分裂过程中被抹去,不能传递给生殖细胞。换句话说,个体在生长发育过

---

① Liu J, Dou X, Chen C, et al. N^6-methyladenosine of chromosome-associated regulatory RNA regulates chromatin state and transcription[J]. Science, 2020, 367: 580-586.

程中,即使利用表观遗传机制把环境影响传递给机体,产生了没有基因组序列变化的新性状,这些由环境变化而获得的性状也依然不能传递给下一代。

这里就涉及了生物学史上的一个公案:拉马克的获得性遗传。拉马克(Lamarck J)是法国著名的博物学家、生物学的主要奠基人之一、"生物学"(Biology)一词的创造者。拉马克在 19 世纪初叶提出了他的进化学说,其要点是:生物在环境的直接影响下可以改变性状,某些经常使用的器官慢慢发达,不经常使用的器官则逐渐退化,而且这些后天获得的性状可以传给后代。这就是他的两条著名法则:用进废退和获得性遗传。按照拉马克的观点,长颈鹿需要使劲地伸长它的脖子,以便吃到更多的树叶;这种个体在生长过程中获得的长脖子性状还能够传递给下一代;每一代个体就这样使劲地把自己的脖子伸长一点,并不停地把获得的长脖子性状遗传给下一代,就逐渐长成了今天这样的长颈鹿。

拉马克的理论没有得到主流遗传学认可;后者认为,长颈鹿脖子的长短是其亲代染色体上基因序列自发突变导致的,与环境没有什么直接的关系;环境只是优先选择了那些脖子长的个体,因为他们会比脖子短的个体吃到更多的树叶而更好地存活下来,并且能够让生殖细胞把这些带有长脖子突变的基因组一代代地遗传下去。也就是说,环境不能单独导致性状的形成,只能通过特定的基因型来发挥作用;而且受环境影响的表型变化不会改变生殖细胞的基因组序列,因此也就没有什么获得性遗传。

随着研究的深入，科学家取得了这样的共识：环境可以促进或抑制基因转录，并且这种特定转录模式可以通过细胞分裂进行代际传递，即没有核苷酸序列改变的表观遗传活动。但由此而来的特点是，**所有的表观遗传模式都是可逆的，如 DNA 可以甲基化也可以去甲基化。这一点与遗传物质有着本质的区别，基因组核苷酸序列的改变基本上是不可逆的。**因此，不同于稳定的基因组序列，个体拥有表观遗传模式是动态可变的，易受环境的影响。对要保证代际信息稳定传递的生命而言，环境变化显然不能随随便便地遗传给下一代。为了消除亲代表观遗传信息对子代的影响，哺乳动物在个体发育期间进行了两次全局性大规模的 DNA 甲基化修饰的清理工作，一次是在生殖细胞形成过程中进行 DNA 甲基化擦除和重建；另外一次是在受精到胚胎着床的过程中，对胚胎细胞基因组进行大规模 DNA 去甲基化，把原来基因组上的 DNA 甲基化水平"清零"；随后再重建新的 DNA 甲基化模式。

但生命并非只有一种存在的方式。不久前的研究发现，在斑马鱼受精卵的发育过程中，来自父本染色体的甲基化谱图一直存在，直至胚胎发育的囊胚期才被消除重建；而来自母本染色体的甲基化图谱则在胚胎发育的初期就很快被擦除，然后在这些母本染色体上重建了父本 DNA 甲基化图谱[①]。也就是说，这些源自精子的 DNA

[①]　Jiang L, Zhang J, Wang J, et al. Sperm, but not oocyte, DNA methylome is inherited by zebrafish early embryos[J]. Cell, 2013, 153: 773－784.

甲基化图谱也可以被遗传到子代,并用来指导胚胎早期发育。此外,对果蝇的研究揭示,卵细胞染色质上组蛋白的一种甲基化修饰 H3K27me3 在受精卵中依然被保留,并在胚胎早期发育中发挥作用;如果人为地切除负责该甲基化修饰的酶,那么缺乏 H3K27me3 的果蝇胚胎就不能正常发育[①]。这些工作表明,来自父母的表观遗传修饰在某种程度上可以传递给后代,并对后代的个体发育有一定的作用。

更重要的是,环境导致的后天性状变化可以遗传给后代。近年来多项研究指出,如果用高脂肪的饮食饲养雄性小鼠,导致其肥胖,那么其产生的后代与正常饲料喂养的小鼠产生的后代相比,出现了许多代谢紊乱的症状;即亲代小鼠后天获得的代谢异常之性状可以遗传给子代小鼠。这种获得性遗传现象在人类也同样存在。对荷兰 1944—1945 年大饥荒人群繁衍的后代研究发现,在受孕之前经历饥荒的妇女生下的孩子生理和心理状态较差,并且这些后代的心血管疾病、高血压和肥胖等的发病率偏高。有研究表明,这种获得性表型可以遗传很多代。在一项小鼠实验中,将母鼠与其子鼠分离,导致这些缺少母爱的小鼠受到精神伤害,进而出现了表观遗传改变和行为异常;然后再用这些行为异常的雄鼠与正常的雌鼠繁衍后代,生下的子代在没有受到精神伤害的情况下,依然出现与受伤

---

① Zenk F, Loeser E, Schiavo R, et al. Germ line—inherited H3K27me3 restricts enhancer function during maternal-to-zygotic transition[J]. Science, 2017, 357:212 - 216.

父辈同样的表观遗传改变和行为异常;即使中间不断与正常小鼠交配,这种获得性行为异常的性状还是被不停地传递下去;在该项研究中至少遗传了 6 代[1]。

　　环境导致的获得性遗传涉及多种表观遗传方式,如 DNA 甲基化、组蛋白修饰和非编码 RNA。中国科学家最近的研究揭示,一种来源于 tRNA 末端、长度在 30—34 个核苷酸序列的新型小 RNA——tsRNA,可作为父源表观遗传信息的携带者在受精时进入卵子。研究人员发现,不同的饲料可以导致小鼠精子内 tsRNA 表达水平和修饰模式发生显著的改变;如果将高脂饮食诱导的肥胖小鼠精子的 tsRNA 注射进正常的受精卵,这些子代小鼠即使在正常饮食下也会出现类似于父代肥胖小鼠的糖代谢紊乱;表明小鼠精子的 tsRNA 介导了获得性肥胖性状的代际传递[2]。

　　在孟德尔遗传学主导的基因决定论时代,基因是绝对的主角,信息只能单向流动。而随着拉马克的获得性遗传回归生物学舞台,生命的"独角戏"变成了"二人转",不仅环境从经典遗传学中的配角进入了主角的位置,而且生命的开放性也提升到了一个新的高度——外部环境的信息与机体内部的信息可以相互影响、双向流动,形成了一个理想的"天人合一"的整体。

---

　　① Franklin TB, Russig H, Weiss IC, et al. Epigenetic transmission of the impact of early stress across generations[J]. Biol Psychiatry 2010, 68:408 – 415.

　　② Chen Q, Yan M, Cao Z, et al. Sperm tsRNAs contribute to intergenerational inheritance of an acquired metabolic disorder[J]. Science, 2016, 351:397 – 400.

建立生命的统一性

只有从进化的角度来看，生物学的一切才会有意义。

——杜布赞斯基（Dobzhansky T）

　　生命的种类是地球上最丰富的，仅仅是科学家目前鉴定出的物种就有大约 200 万种。生命的形态也是地球上最丰富的，有天上飞的鸟，也有地上跑的兽、水里游的鱼；有参天大树，也有肉眼看不见的细菌。因此，生物学家需要完成两大任务，一是要对形态万千的生物体进行整理，让它们像图书一样可以被分门别类地纳入到一个统一的"编目系统"中。另一个任务则是要梳理这些不同种类的生命之间的关系，进而构建一个井然有序的生物世界，使得生命可以被理解，可以被研究。正是研究者在这两大任务方面付出的努力和取得的成就为生物学奠定了坚实的基础，从而让生命在分子层面和细胞层面的解释成为可能。

3.1　整理生命

古人说,名不正则言不顺。研究者在生物学领域最基本的任务就是对生物进行命名和分类。从生物学的先驱——古希腊的亚里士多德开始,对生物的分类就是属于优先考虑的研究工作。亚里士多德当时已经知道了 520 多种动物,而且他还根据生殖方式对动物进行了分类,按照从低等到高等的顺序构建了生物的自然阶梯图;在他看来,生命的分类系统是整个世界体系中的一个重要组成部分。18 世纪的瑞典生物学家林奈(Linnaeus C)也持同样的观点,其分类学名著的书名就叫《自然系统》。即使在 21 世纪的今天,分类和命名依然是生物学非常重要的基础工作。可以说,**生物的命名和分类是科学家之间交流的重要基础,也是避免生物学研究产生混乱的基本保证。**

3.1.1　从命名到分类

生物体有各式各样的性状。有形态方面的,如体形和肤色;有结构方面的,如组织和器官;也有生理方面的,如代谢和生殖;还有微观的方面,如细胞和分子。如果要对不同种类的生物进行区分,首要任务是决定采用什么样的分类标准。生命种类的差异如此巨大,分类的方法和目的也是多种多样,显然不会只有一种分类标准。

但是，从生物学分类的实践来看，研究者常常采用两种差别很大的分类方法，一种是利用"自然性状"的分类，即根据生物体之间的众多相互联系的性状确定其差异性和共性，然后将拥有尽可能多共同属性的生物归纳在一起，进行合乎自然的分类。另一种则是采用"人为性状"的分类，即人为选择特定性状作为分类的标准进行区分；通常可以选择单个或几个容易观测的、明显的性状作为标准，从而方便地将生物划分到相应的类群。这种分类方式有时并不符合自然，因为按照某个人为选择的性状归为一类的生物可能在其他方面都有明显的不同；例如，人们选择最容易观测到的体形和生活环境作为人为分类的标准，看到鲸长得像鱼，并且生活在水里，从而简单地把鲸归为鱼类，称为鲸鱼。而利用"自然性状"的分类则需要综合考虑性状之间的关系和意义，如鲸用肺来呼吸，鱼用鳃呼吸；鲸是温血动物，鱼是冷血动物；鲸是胎生的，鱼是卵生的；因此，按照自然分类系统，鲸被划归为哺乳动物类，是兽而不是鱼。

　　命名规则是进行生物分类的另一个重要基础。给人起名字时通常是用两个部分来予以标识，一个是"姓"，用来确定与父母或与其他人的关系，一个是"名"，用来标识本人。在生物分类中也是依照同样的思路——双名命名法；它是瑞典生物学家林奈在18世纪中叶发明的物种命名规则，一直沿用至今。双名法的要点是，用两个拉丁语单词对一个物种进行命名，即每个物种的学名由属名和种加词两个部分构成；属名由拉丁文或拉丁化的其他文字的名词形成，种加词由拉丁文中的形容词形成；通常在种加词的后面还会加上命名人及命名时间。属名涉及该物种的"近亲",即拥有固定相同性状的一群植物(或动物)物种具有同一个属名,种加词则表示某个确切的物种,通过这个词把该物种与同属的其他物种区分开来。例如,今天在地球上生活的人类都属于同一个物种——智人,其学名为 *Homo sapiens*;*Homo*(属名)+*sapiens*(种加词);而在大约12—3万年前居住在欧洲及西亚的古人类——尼安德特人则是人属(*Homo*)的另一个人种:*Homo neanderthalensis*。

分类的主要目的之一是为了方便检索。因此,"搜索策略"是研究者在制定生物分类的"命名规则"之外还需要解决的另外一个重要问题。传统图书分类检索采用的基本策略属于"阶元系统",即从大类到小类逐次层层递进,例如要把一本生物学的专业书进行分类,首先是划分到自然科学类,其次划分到生物学类,然后再划分到生物学具体的分支学科。生物学分类系统基本上采用的也是这种"阶元系统":界、门、纲、目、科、属、种;其分类关系从大到小,种是最小的分类单位,种归并为属,属归并为科,科隶属于目,目隶属于纲,纲隶属于门,门隶属于界。此外,每一个阶元层次还可以进一步细分;例如,现代人类属于动物界;脊索动物门,脊椎动物亚门;哺乳纲,真兽亚纲;灵长目,类人猿亚目;人科,人属,智人种。

"界"通常被认为是生物分类学中的最高层级。最初生物分类学采用的是瑞典生物学家林奈确定的两界分类系统:植物界和动物界;该系统一直沿用到20世纪中叶。这种两界分类系统显然很直观,也很简单,静止的是植物,运动的是动物。但是,这种简单的分类系统在具体的实践中经常面临挑战,其中最常见的难题是如何对中间类型进行分类。"眼虫"就是这样一个代表,它的体内含有许多叶绿体,能够进行光合作用,同时又有鞭毛能够运动,植物学家把它称为裸藻;动物学者则把它称为眼虫。另外一个主要的生物学分类难题是某些生物拥有很特殊的性状,例如真菌类细胞壁的主要化学成分是几丁质,而一般植物的细胞壁是纤维素;真菌用糖原存储能量,而一般植物则用淀粉。因此,把真菌类归到植物界并不是很理想。生物分类学目前主要采用的是美国生物学家魏泰克(Whittaker, R)在1969年提出的五界分类系统;他不仅区分了植物与动物、原核生物与真核生物,而且区分了真菌与植物,从而把整个生物世界分成了原核生物界、原生生物界、真菌界、植物界和动物界[①]。眼虫被分到了原生生物界,真菌类则完全独立成为一个界别。

　　这两种生物学分类难题在各个分类层级都同样存在。随着分子生物学技术在生物分类领域的应用,研究者发现,原核生物界里的单细胞微生物可以根据其特定的核糖核酸(16S rRNA)序列特征分为两大类型:古细菌(后称为古菌)和真细菌[②]。古菌是非常特别的生命形式,许多种类能够在高温或高盐等极端自然环境下生长,

　　① Whittaker RH. New concepts of kingdoms or organisms. Evolutionary relations are better represented by new classifications than by the traditional two kingdoms[J]. Science,1969, 163:150 - 160.

　　② Woese CR, & Fox GE. Phylogenetic structure of the prokaryotic domain: the primary kingdoms[J]. Proc. Natl Acad. Sci. USA,1977, 74:5088 - 5090.

如一种叫做热网菌(Pyrodictium)的古菌能够在高达 113℃ 的温度下生长;它们同时广泛分布于各种自然环境中,在人体肠道里可能就有 10% 以上的厌氧微生物属于古菌。按照古菌的生活习性和生理特性,古菌可分为三大类型:产甲烷菌、嗜热嗜酸菌、极端嗜盐菌。可以这样说,古菌代表着生命的极限,确定了地球生物圈的范围。古菌的一些生物学性状与细菌相近,而另一些性状却更接近真核生物。古菌的主要发现者沃斯(Woese,K)与其合作者在 1990 年进一步提出了三域分类学说:生物世界分为真核生物(Eukarya)、细菌(Bacteria)和古菌(Archaea)三域[①](图 3.1 A)。"域"(Domains)被定义为高于界的分类单位。尽管研究者对三域分类学说还有不同的看法,但是古菌类型的发现对生物学的基础研究和应用研究已经产生了革命性的影响;从基础研究来看,人们对生命的演化以及原核生物与真核生物之间的关系形成了新的理解;从应用研究来看,研究者利用古菌体内的一些特殊蛋白质发展出了全新的研究技术,如基于噬热杆菌耐高温的 DNA 聚合酶建立了"聚合酶链式反应"(Polymerase Chain Reaction,PCR)。

3.1.2 生物世界的基本单位

生物分类的一个最基本特征就是唯一性,既不能出现"同物异

---

① Woese CR, Kandler O, & Wheelis ML. Towards a natural system of organisms: proposal for the domains Archaea, Bacteria, and Eucarya[J]. Proc. Natl Acad. Sci. USA, 1990, 87:4576 – 4579.

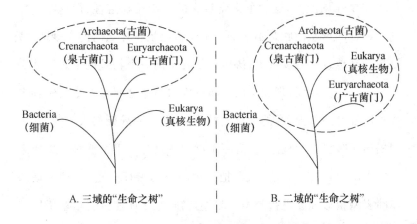

A. 三域的"生命之树"　　　　B. 二域的"生命之树"

图 3.1　细菌、古菌和真核生物组成的"生命之树"示意图

名",也不能出现"异物同名",否则将引起混乱。在生物的分类阶元系统中,物种(Species)是基本分类单位;因此,每一个物种只能有一个学名。如果某个物种有两个或多个学名时,必须核定出最早提出的学名,而摒弃较后的异名;如果有两个或多个物种用了同一个学名,就必须核定出最早的命名物种,而其他的同名物种则另起新名。这种规则被称为生物分类学的"优先律"。

物种要保证其分类学的唯一性,主要是要确定其特有的形态(包括生理或生化性状)。因此,物种的形态学定义就是:一个物种是由一群形态相似的个体所组成;同种的个体符合同一形态学标准;而不同的物种则具有不同的形态特征。也就是说,形态特征是识别和区分物种的主要依据,根据形态特征确定的物种就被称为"形态种"(Morphospecies)。

需要强调的是,这种形态学定义的基础是稳定性,即这些用于划分物种的形态性状是不变的。个体不论是在什么时间发现的,或是在什么地理位置发现的,决定它们属于同一个物种的形态特征必须是一样的。然而,现实中同一物种内的个体之间形态上通常存在着不同程度的差异,有的性状差异小,而有的差异则很大。为此,人们提出了"变种"的概念,认为一个物种可以有若干个变种。近年来有人提出数量分类方法,试图把物种的形态特征定量化,即根据个体间表型相似程度进行分类。此外,趋同进化往往也会给基于形态特征的分类带来挑战,因为亲缘关系甚远的物种由于栖居于同一类型的环境能够形成比较相似的整体或部分形态结构。例如,哺乳纲的鲸和海豚都具有与鱼类相似的流线形以减少在水中的阻力。

由于物种具有许多不同的形态特征,而且对物种的各种形态特征常常没有统一的、恒定的标准;导致了分类学家对这些不同形态特征的重要性认识不一,他们对某些特征进行"加权",使这些特征比另一些特征更为重要。这种情况可能使划分的物种因人而异。这一点在基于"人为性状"的分类中更为明显。有观点甚至认为,物种并非客观存在的实体,而只是一种人为的命名,或者是不同分类标准下形成的相对分界线;例如英国著名生物学家达尔文(Darwin C)在其名著《物种起源》中就这样说过:"我认为物种这个名词是为了便利而任意加于一群互相密切类似的个体的"①。

利用分子标识来区分生物是解决物种分类对形态特征过度依赖的新策略。加拿大生物学家赫伯特(Hebert, P)于 2003 年首次提出了采用"DNA 条形码"(DNA Barcoding)来进行物种的鉴定。DNA 条形码是指生物体内能够代表该物种的一段 DNA 短片段,这个片段要具有足够的变异性以区分不同的物种,同时还要具有相对的保守性以保证其代表的物种;因此,通常选用线粒体基因上的 DNA 片段作为动物的条形码,选用叶绿体基因片段作为植物的条形码,而核糖体基因片段则作为真菌的条形码。全球 20 多个国家的科学家联手启动了国际生命条形码计划(The International Barcode Of Life, IBOL),截至 2015 年,该计划已经在网站上为 50 万个物种提供了 DNA 条形码②;预计到 2025 年将提供 250 万个物种的 DNA 条形码。但是,DNA 条形码并不能够取代物种的形态特征,尤其在确定全新的物种时仅仅依靠 DNA 片段显然很困难,依然需要考虑形态和生理生化等方面的特征和性状。

物种还具有一个与"形态种"定义差别很大的"生物种"(Biological Species)定义:物种是生物繁殖的基本单元;同一物种中的各个成员间可以正常交配并繁育出有生殖能力的后代,而不同物种的个体之间则在生殖上是隔离的,不能交配或后代没有繁衍能

---

① 达尔文. 物种起源[M]. 周建人,叶笃庄,方宗熙,译. 北京:商务印书馆,1981: 70.

② http://v4.boldsystems.org/index.php

力;例如,马和驴杂交产生了骡子,但骡子并不能繁育后代。按照这个定义,物种是一种比构成它的个体更本质的存在;种内个体的形态和性状可以出现各种变异,但其物种本身则是具有不变性的实体。大量的栽培植物或家养动物实践表明,属于同一个物种但形态上有明显差异的品种之间可以杂交;而有时形态上很相似的"姐妹种"却表现出生殖隔离。

按照"生物种"概念,物种具有间断性或不连续性,即不同物种之间存在着生殖的"鸿沟"。但需要指出的是,这种生殖隔离不是绝对的,植物界就有通过远缘杂交方式产生的新物种,如现在种植的普通小麦就是在三种野生植物的两次天然远缘杂交的基础上形成的;人类最早种植的小麦叫"一粒小麦",产量很低;后来一粒小麦与一种田间杂草"拟斯卑尔脱山羊草"进行天然远缘杂交,形成了产量较高的"二粒小麦";二粒小麦与另一种"粗山羊草"进行天然远缘杂交,进而通过染色体加倍形成了最古老的普通小麦。动物界的物种间也有类似情况,其中包括人类。现代人的智人祖先大约10万年前走出非洲,与生活在欧亚大陆的另一个人种尼安德特人接触并发生杂交,使得有欧亚血缘的现代人拥有大约2%的尼安德特人DNA;进一步的研究发现,这些尼安德特人的DNA可能在现代人的抑郁、烟瘾等多种健康问题中起着很大的作用[①]。

---

① Simonti CN, Vernot B, Bastarache L, et al. The phenotypic legacy of admixture between modern humans and Neandertals[J]. Science, 2016, 351:737 - 741.

　　按照生殖隔离来确定"生物种"不仅会出现很多例外，而且在生物分类的实践中难以操作，因为在大多数情况下不同生物种类之间的繁育情况难以确认。此外，"生物种"针对的是进行有性繁殖的生物类群，而不适用于进行无性繁殖的生物类群，更不能用于细菌或古菌的分类。因此，生物分类主要还是依靠形态结构和生理特征。

3.2　万物归宗

　　生物世界里形形色色的生物种类通过分类规则被整理得井然有序。在此基础上人们需要回答这样一个重要的问题：这些不同种类的生物之间存在着什么样的内在关系？对这个问题主要有两种彼此针锋相对的答案：特创论和进化论。基督教圣经里的"创世记"是特创论的典型代表：上帝在创世的第二天让土地长出了植物，在第四天创造了水里的鱼和天上的飞鸟，第五天创造了牲畜、昆虫和野兽，第六天创造了人。著名的瑞典分类学家林奈曾说过："物种的数目和上帝当初创造出的各种形式的数目是相同的。"[①]19世纪法国著名的古生物学家居维叶（Cuvier G）根据其对地质和化石的研究提出了类似的观点——"灾变论"，即地球发生过多次具有很大规模的地质灾害；巨大的灾害性变化使几乎所有的生物灭绝；造物主

---

　　①　洛伊斯．N·玛格纳. 生命科学史[M]. 李难，崔极谦，王水平，译. 天津：百花文艺出版社，2002：490。

在每次灾害过后又重新创造出新的物种。在特创论者看来,不论造物主是上帝还是大自然,这些物种都是被分别创造的,它们不会发生改变,而且彼此之间没有关系。进化论者与之相反,认为物种是可变的,它们之间相互紧密联系。正如达尔文在《物种起源》一书中所明确指出的:"我毫不怀疑地主张,许多自然学者直到最近还保持着的和我以前所保持的观点——即每一物种都是被独立创造的观点——是错误的。我充分相信,物种不是不变的;那些属于所谓同属的生物都是另一个并且一般是已经灭绝的物种的直系后代。"[①]

3.2.1　生命之树

达尔文最重要的贡献就是提出了"生命之树"(Tree of Life)的概念。文献分析发现,达尔文在发表《物种起源》之前(1837),就在其笔记本里画了一个"生命之树"的草图,形象地勾画了物种的进化方式:树干的底部代表最原始的物种,而沿着树干向上则形成了许许多多的分枝,代表了由最初物种演化而成的不同的新物种。达尔文在《物种起源》的最后一章总结:"我们必须同样地承认曾经在地球上生活过的一切生物都是从某一原始类型传下来的。"[②]这一"生命之树"草图进一步完善就成为《物种起源》里唯一的一幅插图,而这个概念很快也就成为达尔文进化论的标志。

---

① 达尔文. 物种起源[M]. 周建人,叶笃庄,方宗熙,译. 北京:商务印书馆,1981: 19。

② 同上书,589 页。

生命之树不仅明确指出了物种的可变性,而且通过树的形象阐释了古往今来各种生命之间的关系。在生命之树中,那些发生在根部的事件要早于发生在树干分枝或顶端的事件。树枝和顶端通常代表地球上现存的生命,而连接到树干的分枝代表了彼此的进化关系。靠近树梢的分枝表明,这些相互关联的生物种类保持着一种连续性,有一个最近的共同祖先;而靠近树干的分枝从一个树岔跳到另一个树岔,表明它们之间的祖先很遥远,存在着间断性。此外,"树"还象征着物种的"进化"程度,树干的不同分岔代表着不同的进化阶段;在树的底部是最原始的物种,在树干的分岔处则是某类动物或植物,而树的顶部则是智人。

生命之树起初的构建主要依赖于生物的形态结构和生理特征;随着分子生物学方法尤其是核酸测序技术的应用,研究者可以构建出更为完整、更为精细的生命之树。例如,美国生物学家沃斯与其合作者在 1970 年代根据 16S rRNA 的序列分析,发现了一类全新的生物——古菌,进而构建了第一个由细菌、古菌和真核生物三域共同组成的"通用型生命树"(Universal Tree of Life)(图 3.1 A)。最近发表的一项研究工作主要是通过分析基因组序列的数据构建了一个新的生命之树,其中包括了 1000 多种来自不同生态环境的未知微生物种类[1]。

———————

① Hug LA, Baker BJ, Anantharaman K, et al. A new view of the tree of life[J]. Nat Microbiol. 2016,1:1-6.

　　伟大的科学家都具备一种能力，能把世界万物都统一到一个框架里。俄国化学家门捷列夫在 150 年前建立了元素周期表，把各种化学元素按照原子核电荷数的大小进行排布，从而把一些看上去似乎互不相关的元素统一起来，组成了一个完整的物质体系，成为研究者理解原子变化规律和化学性质的认知框架。同样，达尔文构建的"生命之树"为生物世界提供了一个最基本的认知框架，从微生物、植物到动物的一切有机体，不论它们之间有什么样的差别或有多么大的差别，它们的物质构成和活动规律没有本质的不同，因为它们都是从同一个祖先逐渐演化而来的。这一点在《物种起源》中就已经有了明确的阐释："一切生物在它们的化学成分上，它们的细胞构造上，它们的生长法则上，它们对于有害影响的易感性上都有许多共同的地方"[①]。

　　需要指出的是，不同于"全收全知"的元素周期表，"生命之树"更像是一个难以证实的"公理"。从时间维度来看，那些曾经在久远地质年代存在过的物种大多消失了，难寻其踪迹；更不用说最原始的物种了。从空间维度来看，人类目前所描述的物种大约是 200 万种，只是自然界存在的物种中很小的一部分（仅仅是昆虫类的物种估计就多达 1000 万种）。从演化维度来看，"生命之树"的树干上不同分岔或者不同枝条之间的关系很多是推测甚至是猜测；但是，作

---

　　① 达尔文. 物种起源[M]. 周建人，叶笃庄，方宗熙，译. 北京：商务印书馆，1981：589。

为一个不证自明的"公理","**生命之树**"表明了生物世界是一个绵延不息的整体，无论是已知的还是未知的生物体，无论是现存的还是逝去的生物体，都是这棵"树"的一个部分；它们都是"万变不离其宗"。

20世纪的现代生命科学的各门学科如分子生物学和遗传学等，都是建立在这颗"生命之树"的基础之上。研究者依据这个"公理"，可以将从一种生物体研究获得的结果推广至不同的生物，甚至是所有类型的生物。例如，在遗传物质的发现进程中，奥地利生物学家孟德尔通过对豌豆的研究提出了遗传学第一定律和第二定律，美国生物学家摩尔根（Morgan T）在研究果蝇的基础上提出了遗传学第三定律；而美国科学家艾弗里（Avery O）则通过研究肺炎球菌证明遗传物质的化学本质是DNA，随后美国生物学家沃森（Watson J）和英国科学家克里克用来揭示DNA双螺旋模型的X射线衍射图则来自小牛胸腺的DNA样品。尽管这些科学家的研究材料涉及的物种从植物到动物、到微生物，没有一个是相同的；但是，从这些特定的研究材料中获取的每一项研究成果都是"放之四海而皆准"，适用于所有生命，成为遗传学和分子生物学的基本定律。现代生物学的核心是实验科学，而实验不同于经验的关键就在于，通过实验可以发现带有"普适性"的规律；而"生命之树"正是这种"普适性"的基础。

从"生命之树"衍生出来的这一"普适性"公理不仅是研究者认识生命的基础，而且也是研究者改造生命所必需的前提。遗传工程技术是当今最重要的生物技术之一,其工作原理就是建立在这样一个假设之上——一个编码蛋白质的基因在不同种类的生物体内都可以被表达,并且其表达产生的蛋白质能够行使同样的功能。例如,生活在寒带的比目鱼身体里有一种抗冻的蛋白质,研究者将比目鱼的抗冻蛋白基因转移到西红柿里,使得西红柿也产生了这种抗冻蛋白,成为可以在寒冷地区种植的抗冻西红柿。在医学研究中,由于技术和伦理的限制,对疾病病因或者治疗药物的研究通常都要先进行动物实验。当生物医学工作者在用线虫、果蝇、小鼠这些模式动物研究致病基因或者蛋白质时,他们自觉或不自觉地应用了"生命之树"衍生出来的"普适性"公理:在这些物种上研究得到的成果也应该适用于人类。

3.2.2 生命之网

在这棵"生命之树"的生长过程中,其核心问题是"物种起源"。根据达尔文进化论的观点,物种的形成需要建立没有遗传物质交换的生殖隔离。而达尔文进化论的"生命之树"正是植根于这样一个假设:遗传物质只能按照从亲代到子代的方式,一代代地进行垂直传递;由于遗传物质的垂直传递机制存在,从而实现了生殖隔离。因此,在这棵"生命之树"中,以水平遗传方式的远缘杂交形成新物种应该是非常稀少的。但是,随着研究工作不断地展开和深入,今天的研究者看到,异种间的交配要比早期人们想象的更为广泛。

达尔文时代的"生命之树"与当今的"生命之树"有一个很大的

区别,前者主要涉及动植物等多细胞生物,而后者则包括了细菌和古菌等单细胞生物[①]。显然,遗传物质在垂直传递过程中产生的生殖隔离现象源于多细胞生物的有性生殖,而不适用于细菌和古菌等单细胞生物的无性生殖。在20世纪中叶,研究者发现,在染色体之外还存在着一类环状DNA分子,称为"质粒"(Plasmid);它们的大小从1 kb至1000 kb不等,通常携带基因等各种遗传信息。质粒广泛存在于生物界,在细菌、古菌和真核细胞中都有发现。质粒在细菌的遗传信息传递中尤其起着重要的作用,因为细菌与细菌之间可以相互交换质粒,进而影响其宿主菌的性状;其中最典型的就是通过质粒携带的耐药基因而使细菌获得耐药性。显然,质粒的水平遗传方式使得基于无性繁殖的细菌等单细胞生物之间形成了一个复杂的遗传信息网络。

早期,人们认为生物世界是由原核生物和真核生物组成,其中真核生物来自原核生物。在20世纪70年代,原核生物被确定为由细菌和古菌两大类型所组成;此后这二者与真核生物之间的关系的研究就成为构建相应的"生命之树"的主要任务。由于古菌在DNA复制、基因转录和蛋白质翻译等方面具有明显的真核特征,人们提出了一个由细菌、古菌和真核生物三域组成的"生命之树",其中古菌和真核生物的亲缘关系更近,二者拥有一个共同的原始祖先(图

---

① Hug LA, Baker BJ, Anantharaman K, et al. A new view of the tree of life[J]. Nat Microbiol. 2016,1:1-6.

3.1 A)。尽管这三域组成的"生命之树"被普遍接受,但随着近年来研究的深入,研究者又提出了一个由细菌和古菌二域组成的"生命之树",真核生物只是古菌域中的一个分支(图 3.1 B)[①]。让情况变得更为复杂的是,许多细菌的基因通过"基因平行转移"(Horizontal Gene Transfer,HGT)的方式,广泛地进入各种古菌物种和真核物种的基因组内,从而使得这三类生物之间的遗传物质相互混杂[②]。

随着"人类基因组计划"的完成,21 世纪的生命科学进入"后基因组时代"。到 2015 年年底,在细菌、古菌和真核生物三域已完成30 000 多个物种的全基因组测序。通过对这些物种的比较基因组学分析,得到了许多挑战原有"生命之树"的结果。最大的挑战来自基因平行转移现象的发现,即分类关系相隔极远的物种间存在着遗传物质的交换。在 2008 年的一篇文章中,研究者通过比较 181 个原核生物基因组的 50 000 多个基因,发现这些原核生物一方面能够通过垂直遗传的方式传递其基因,同时其基因平行转移活动也是非常广泛的,每个基因组内平均有 81% 左右的基因在它们生活的某个时期涉及基因平行转移活动[③]。不久前一项对 40 种无脊椎动物和脊椎动物基因组的比较研究发现,基因平行转移现象也广泛存在

---

① Eme L, Spang A, Lombard J, et al. Archaea and the origin of eukaryotes[J]. Nat Rev. Microb. 2017, 15:711 - 723.

② Ibid.

③ Dagan T, Artzy-Randrup Y, Martin W. Modular networks and cumulative impact of lateral transfer in prokaryote genome evolution[J]. Proc Natl Acad Sci USA. 2008,105:10039 - 10044.

于动物体内,在它们每个基因组内通常都有几十甚至数百个"外来基因",其中人类基因组就具有 145 个非动物来源的外来基因;细菌和原生生物是外来基因最常见的来源[①]。显然,基因平行转移并非罕见事件,动物的许多性状都是由外来基因带来的,基因平行转移促进了很多动物的进化。

病毒不仅能够感染各种类型的生物体,而且也是基因平行转移活动的主要参与者。动物比较基因组研究发现,灵长类动物基因组内就有近 50 种外来基因来自病毒的基因平行转移[②]。病毒与其被感染的宿主细胞有明确的专一性,如感染古菌和细菌的病毒并不会感染真核生物,反之亦然。但是,病毒经常会以基因平行转移等非感染方式与各种生物体相互交换遗传物质。不久前有一项研究通过分析蛋白质结构域(Structural Domains)探讨了病毒与细胞间基因平行转移情况。蛋白质结构域具有稳定的空间构象,是大的时间跨度中可以采用的演化标记。研究者利用比较基因组学方法分析了 3440 种古菌病毒、细菌病毒和真核病毒以及 1620 种古菌、细菌和真核生物种类的所有蛋白质结构域,发现病毒与细胞共有的结构域有大约 2000 个,其中有很大一部分可能来自基因平行转移[③]。

[①] Crisp A, Boschetti C, Perry M, Tunnacliffe A, Micklem G. Expression of multiple horizontally acquired genes is a hallmark of both vertebrate and invertebrate genomes[J]. Genome Biol. 2015, 16:50.

[②] Ibid.

[③] Malik SS, Azem-e-Zahra S, Kim KM, Caetano-Anollés G, Nasir A. Do viruses exchange genes across superkingdoms of life? [J]. Front. Microbiol, 2017, 8:2110.

在动植物基因组中,用于制造蛋白质的编码基因通常只占整个基因组很小的一部分,例如在人类基因组的编码基因序列只占1.5%左右。而在基因组的非编码序列中,很大的一部分是可以在基因组内移动的 DNA 片断,称为"转座子"(Transposon);它们具有复制自我和将其重新插入到基因组中不同位置的能力;在进化过程中,一些转座子已将数百或数千个自我分散在基因组中;例如在人类基因组中广泛分布着各种转座子,占了近 50% 的序列。按照转座方式的不同,可将转座子大致分为两大类:Ⅰ型转座子(Class Ⅰ Elements)和Ⅱ型转座子(Class Ⅱ Elements)。Ⅰ型转座子又叫"逆转录转座子"(Retrotransposon),通常是以基因组原有的转座子 DNA 序列为模板,在 RNA 合成酶的作用下转录成一段 mRNA,然后再以这段 mRNA 为模板,逆转录合成出相应的 DNA 片断,并将该 DNA 片断整合到基因组上新的位置。显然,逆转录转座子的这种转座方式能够在复制转座子自身的同时留下一个旧的版本,从而导致基因组的扩增和改变。

转座子不仅能够改变基因组内部的结构,而且能够在不同物种的基因组之间进行水平转移。不久前,研究者系统地分析了近 800个植物、真菌和动物基因组中的数百万个逆转录转座子序列,发现逆转录转座子广泛存在于各种动物的基因组中,并且具有相似的分布;更重要的是,该项研究发现,在整个进化过程中,逆转录转座子经常在物种间进行水平转移,甚至可以在植物和动物之间进行水平转移;此外,研究者还发现臭虫、水蛭和蝗虫等生物也可以用于基因水平转移[1]。过去的众多研究表明,许多病毒的基因就是通过水平转移方式进入到动植物的基因组内,最终成为这些基因组的逆转录转座子;而最近的一项研究则发现,一种昆虫病毒通过水平转移方式获取了稻飞虱基因组的一个逆转录转座子序列[2]。

可以这样认为,**生命世界既是一棵"树",也是一张"网",一方面所有生物体具有清晰的代际遗传关系,传递着源自其亲代和远祖的遗传信息;另一方面彼此之间利用质粒或基因平行转移等方式编织出高度缠结的基因网络,让遗传信息在不同的物种之间广泛流动。这两种遗传信息交流的方式使得现存的与逝去的、此地的与彼地的各种生物形成了一个超越时空存在的整体。**

3.3 生命之矢

生命是什么时候最早出现在地球上?这显然是一个缺乏证据、难以回答的问题。科学家估计最早的生命可能出现在 43 亿年前,因为那个时候地球上已经有液态水的存在了;而目前已确认的最古老的生物化石是在西澳大利亚发现的一种近 35 亿年的微化石。然

---

① Ivancevic AM, Kortschak RD, Bertozzi T, Adelson DL. Horizontal transfer of BovB and L1 retrotransposons in eukaryotes[J]. Genome Biol, 2018, 19:85.

② Yang Q, Zhang Y, Andika IB, et al. Horizontal Transfer of a Retrotransposon from the rice planthopper to the genome of an insect DNA virus[J]. J Virol. 2019, 93. pii: e01516 - 1518.

而,生命诞生以来按照什么方向演化则有一个很明显的答案:从简单的原核生物到复杂的真核生物,从单细胞个体到多细胞个体。也就是说,生命从诞生之日起,就被一只无形的手推着向越来越复杂化的方向演化。而这种生命朝着复杂性增加的方向演化趋势引出了另外一个重要问题:这是必然的还是偶然的?

3.3.1 先有"基(因)"还是先有"蛋(白)"

生命有两个最主要的特征:一是能把机体的信息一代又一代地遗传下去;二是能够高效地进行各种化学反应,为机体的生命活动提供相应的能量和物质。这两个特征是基于生物体内的两类生物大分子——核酸和蛋白质,前者包括 DNA 和 RNA,它们都具有自我复制的能力;而蛋白质能执行各种生命活动,尤其是作为酶负责催化机体内的各种化学反应。最重要的是,对现存生命的研究揭示,这两类生物大分子相互依存,核酸分子(基因)携带着制造蛋白质的信息,而蛋白质则负责核酸的自我复制活动。

在对生物进化的研究中,人们经常面临着"先有鸡还是先有蛋"的问题。而从生命起源的角度来看,不可避免的问题是,核酸和蛋白质谁先出现?人们早期认为蛋白质先于核酸,因为一切生命活动都离不开酶的催化反应。但是这个观点很难解释蛋白质如何存贮与传递生命信息。20 世纪 80 年代前后,美国科学家奥特曼(Altman S)与切赫(Cech T)分别独立地发现了某些 RNA 分子具有酶的催化作用,并因该发现共享了 1989 年诺贝尔化学奖。基于对 RNA 的新认识,美国科学家吉尔伯特(Gilbert W)提出"RNA 世界"(The RNA World)假说,认为 RNA 是生命进化初期唯一的生物大分子,这些 RNA 分子同时具有存贮遗传信息的能力和 RNA 自我复制过程中的酶催化功能。换句话说,在 DNA 和蛋白质还没有出现的年代,RNA 分子同时承担了自我复制和酶催化反应两个重任,成为在生命诞生之初的分子进化过程中最接近生命的分子(图 3.2)。

图 3.2 从 RNA 世界进化到"中心法则"世界的示意图

尽管人们不可能看到生命诞生之初的 RNA 分子是如何进行自我催化和自我复制的,但是科学家一直尝试在实验室里模拟出这样的过程。2009 年美国科学家发表了一篇 RNA 酶自我复制的研究文章。在这项实验中,研究者将一种被称为"R3C"的 RNA 连接酶改造为两种能够相互催化合成对方的形式,它们可以在没有蛋白质的情况下,仅仅利用 4 种核苷酸作为合成原料就能够持续地进行自我复制;整个复制过程大约需要 1 小时,并且可以连续不断地进行下去;实验最后观察到 RNA 复制分子的总数扩增了 1023 倍[1]。

---

① Lincoln TA, Joyce GF. Self-sustained replication of an RNA enzyme[J]. Science, 2009, 323:1229 - 1232.

这项研究为"RNA世界"假说提供了一个强有力的实验支持。

对"RNA世界"假说来说，一个重要的挑战是：在生命尚未出现的古地球环境条件下，合成RNA分子的主要原材料——4种核糖核苷分子从何而来。在2019年发表的一项研究中，研究者利用氰化物、氢和水等数种简单分子作为起始原料，在简单的干湿循环条件下进行合成反应，同时在整个反应过程中也不分离纯化中间产物；通过这种尽可能拟合古地球环境的简单"一锅煮"反应，研究者获得了组成RNA分子的全部结构单元——U、C两种嘧啶核苷和A、G两种嘌呤核苷[①]。这个实验表明，合成RNA分子的化学反应并不复杂，需要的反应条件也不苛刻；因此，在地球的生命起源之前（Prebiotical）出现RNA的可能性还是比较大的。

原始生命如何从"RNA世界"演化到按照"中心法则"运行的生命世界，尚未有一个公认的假说；目前认为这中间可能先有一个RNA指导蛋白质合成的过渡阶段（图3.2）。然而，生命一旦拥有了既能够自我复制又能够编码蛋白质的基因，生命的演化就进入了一个崭新的阶段。一般说来，编码蛋白质的基因种类越多，生物体能够行使的功能也就越多；因此，增加基因的数量显然就是生物演化的一个主要目标。最简单的支原体只有470个基因，原核生物如大肠杆菌拥有的基因数量大约是4500个，到酵母单细胞真核生物

[①] Becker S, Feldmann J, Wiedemann S, et al. Unified prebiotically plausible synthesis of pyrimidine and purine RNA ribonucleotides[J]. Science, 2019, 366:76-82.

有 6600 个基因,到果蝇有 13 000 多个基因,而到人类则有 25 000 个基因。尽管从"生命之树"来看,许多基因是各种生物共有的,越是相近的物种,共有的基因越多;但是不同物种一定拥有自己独特的基因。例如,小鼠作为哺乳动物,其基因组与人类基因组很接近,相同的核苷酸序列大约是 40%,但小鼠或人特有的、完全没有同源性的基因仍然占到基因总数的 1%。可以这样说,产生新基因是生命演化必不可少的任务。

这些新基因从何而来？目前的研究已揭示出新基因的三个主要来源:基因重复(Gene Duplication)、逆转录转座子和从非编码序列的从头起源(*de novo*)。基因重复是指原有基因自我复制产生冗余拷贝,然后通过突变逐渐分化形成具有不同于原基因功能的新基因。基因重复是真核生物基因组产生新基因的重要方式,例如在人类基因组中三分之一的新基因可能来自基因重复。在真核生物基因组内,尤其是动植物的基因组内具有大量的逆转录转座子,它们可以通过逆转录的方式扩增,并获得启动子或其他外源表达调控序列,成为新基因;或者插入到原基因组的外显子和内含子中而形成新基因。

过去认为"进化不可能从头产生",因此生命要通过从无到有的路径来产生新基因是很难的。但是,中国科学家通过对 12 个果蝇品种的全基因组序列比较,发现接近 12% 的新基因是由非编码序列演变而来的,表明从头起源也是新基因起源的一个重要机制。更重要的是,中美两国研究人员通过对 13 个水稻近缘物种全基因组序列比对分析,发现粳稻基因组中至少含有 175 个从非编码序列演化而来的新基因;研究者进一步利用质谱技术研究这些基因是否真正能够用于指导蛋白质合成,结果表明这些从头起源的新基因中近 60% 都能够指导合成蛋白质[①]。这些研究成果揭示,新基因不仅可以在原基因基础上通过序列改变形成,而且可以从非基因区域演化产生。

3.3.2 生与死的"协奏"

如果从"生命之树"的角度来看地球上出现过的物种,它们就如同大树的枝条,时而昌盛,时而凋零。根据古生物学的考据,地球上的生命从诞生至今,发生过 5 次生物大灭绝,即在一个相对于地质年代较短的时间内,整科、整目甚至整纲的分类单元中所有物种彻底消失或仅有极少数生存下来;例如,第 5 次生物大灭绝发生在距今 6500 万年前的白垩纪末期,统治地球长达 1.6 亿年的恐龙在此期间整体灭绝。

每一次生物大灭绝往往就是地球上生命种类的大调整期,一方面是大量原有的生物种类消失,另一方面则是许多新的物种出现。第 3 次生物大灭绝是地质史上最严重的大灭绝事件,发生在距今 2.5 亿年前的二叠纪末期,估计整个灭绝事件的持续时间长达数十

---

① Zhang L, Ren Y, Yang T, et al. Rapid evolution of protein diversity by de novo origination in Oryza[J]. Nat Ecol Evol. 2019, 3:679 - 690.

万年到数百万年。这次大灭绝使得约 57％的科和 83％的属永远消失了，其中 96％的海洋生物和 70％的陆地脊椎动物灭绝，甚至在海洋中遨游了 3 亿多年的三叶虫也灭绝了；陆地昆虫同样遭到历史上规模最大的灭绝。但与此同时，大灭绝为爬行类动物的进化铺平了道路，恐龙的祖先幸运地活了下来，而哺乳动物祖先——温血爬行动物则开始发展；在海洋的海床上，双壳动物取代了腕足动物的优势地位，并延续至今；而繁荣于中生代的松柏类和银杏类的裸子植物也开始出现。

导致生物大灭绝的主要因素通常都来自巨大的地质灾害。现有的研究表明，二叠纪生物大灭绝的主要"肇事者"是西伯利亚超级火山的爆发。这是地球有史以来最大的火山爆发之一。超级火山爆发将大量火山灰和二氧化硫抛往大气中。尘埃遮住了阳光，让地球变冷，而二氧化硫导致了酸雨降落，杀死大量的陆地植物和具有碳酸钙骨骼的无脊椎动物。当所有的尘埃和酸性气体被雨水冲走后，火山爆发释放的大量甲烷和二氧化碳又导致全球变暖，陆地上整个食物链崩溃。此外，当海水温度随气温上升时，海水的溶氧量开始下降，同时强烈的大陆风化作用将大量磷酸盐冲入水中，导致水体富营养化，加剧了海洋缺氧，引起了地球历史上最严重的海洋缺氧事件，进而造成大量海洋生物死亡；而厌氧的硫酸盐还原菌趁机主导了海洋并向大气中排放出大量的硫化氢，这种有毒气体又毒死了大量的陆地动植物。由此可以看到，生命所赖以生存的环境是演化方式和演化速度的决定因素，环境的微小变化引起生物的微小改变,环境的灾变则导致生物的巨变。

正是这次二叠纪生物大灭绝导致地球整个生态系统获得了一次最彻底的更新,使得地球的生物类型从古生代生物群转变到中生代生物群。研究者通过对大灭绝前后陆生动物的分布地点进行定量分析,发现大灭绝后存在的物种比大灭绝之前生存的物种地理分布范围更小,相互联系更少,其长远的后果是生物多样性的增加;此外,大灭绝消灭了生态系统中占统治地位的生物,为那些边缘生物的崛起提供了机会[①]。在 4.5 亿年前的奥陶纪大灭绝之前,有一种名叫星甲鱼的原始鱼类属于海洋中的弱者;但在这次大灭绝过程中,它们凭借着食谱广的优点,顽强地生存于食物匮乏的海洋里,进而成为今天所有脊椎动物的祖先。这种大灭绝带来的生物演化模式明显背离了达尔文进化论的观点。在《物种起源》的结论中,达尔文写道:"我现在已经复述了完全令我相信的物种在系统的悠长过程中曾经被改变的事实和论点。这主要是通过对无数连续的、轻微的、有利的变异之自然选择而实现的"[②]。显然,通过生物大灭绝激烈变化形成新物种的演化方式不同于通过微小而缓慢的变异形成新物种的渐进演化方式。

[①] Sidor CA, Vilhena DA, Angielczyk KD, et al. Provincialization of terrestrial faunas following the end-Permian mass extinction[J]. Proc Natl Acad Sci USA. 2013, 110:8129 - 8133.

[②] 达尔文. 物种起源[M]. 周建人,叶笃庄,方宗熙,译. 北京:商务印书馆,1981; 583。

物种不仅会突然大规模灭绝,而且会突然大爆发出现。最有代表性的当属"寒武纪生命大爆发"(Cambrian Explosion)。寒武纪是显生宙古生代的第一个纪,距今约5.4—5.1亿年。在寒武记之前,生命基本上是以单细胞种类为主,仅出现少数动物门类,如硅质海绵动物、刺丝胞动物和栉水母动物等基础动物门类。但是,在寒武纪开始后的短短数百万年时间里,生命突然出现大量多细胞形式,包括现生动物几乎所有类群祖先在内的各种多细胞生物骤然涌现,其复杂而多样的生命形态与前寒武纪生物种类之数量和构成形成巨大反差;尤其到了寒武纪的中期,动物门类数量呈跳跃式增长,新增了14个动物门,主要是两侧对称的后生动物,以及具矿化骨骼的生物的全部门类。从最有代表性的"化石宝库"——云南省澄江生物群的数十万件化石标本——中目前已经发现的物种超过了280个,其中不仅有大量的海绵动物、腔肠动物、腕足动物、软体动物和节肢动物等原口动物化石,更有棘皮动物、半索动物和脊索动物等许多后口动物化石。

生命大爆发与大灭绝一样离不开环境这个关键"推手"。研究者不久前发现,寒武纪时期大气和海洋氧气含量及其动态波动是同期生命大爆发的重要控制因素[1]。氧气是绝大多数动物呼吸所需要的,并且是维持生物多样性的必要条件。通过对西伯利亚寒武纪早

---

[1]　He T，Zhu M，Mills BJW，et al. Possible links between extreme oxygen perturbations and the Cambrian radiation of animals[J]. Nat Geosci. 2019，12：468 - 474.

期碳酸盐岩地层样品的碳、硫同位素实验检验和数学模型计算,研究者系统地分析了当时大气和浅海氧气含量的变化,发现寒武纪早期距今5.24—5.14亿年期间大气和浅海中氧气含量发生了5次大的变化,即经历了多次间歇式海洋氧化—缺氧事件[①]。浅海广泛缺氧事件可导致海洋生物群的消亡和动物多样性的衰减;而海洋一旦从缺氧状态恢复为氧化状态,又能够造成后生动物爆发式产生及复杂生态系统的建立。因此,寒武纪时期海洋间歇式氧化—缺氧事件可能驱动了生物间歇式演化创新,从而促成了生命的大爆发。

大量物种在地质年代的某个阶段突然灭绝或突然爆发的现象表明,"生命之树"的生长并非缓慢而匀速的过程,而是一个非常复杂的动力学过程,其中既有缓慢的、渐进的物种演化,也有快速的、跃进的物种演化;两种演化模式交织在一起,在整个演化进程中此起彼伏。显然,这必然是一个不可逆的过程。更重要的是,生命演化史表明,在这个不可逆的过程中,生命的演化是有方向的:生物体从最初的简单形式变得越来越复杂。

3.3.3 有用与无用之间

达尔文进化论的核心是"自然选择";而自然选择的基础是生物体内存在各种有利于生存或者不利于生存的变异。达尔文在《物种

---

① He T, Zhu M, Mills BJW, et al. Possible links between extreme oxygen perturbations and the Cambrian radiation of animals[J]. Nat Geosci. 2019, 12:468 - 474.

起源》中明确指出："我把这种有利的个体差异和变异的保存,以及那些有害变异的毁灭,叫作'自然选择',或'最适者生存'。"[①]也就是说,生物体之间存在着各种各样的差异,那些拥有在特定生活条件下更好地生存的有利变异的个体能够适应其环境而得到繁衍,而拥有不利于生存的有害变异的个体则会衰亡。物种就是依靠环境对这些生物体不同变异的"自然选择"而形成并进行相应的演化。

支持达尔文"自然选择"理论的经典案例是对太平洋科隆群岛(加拉帕戈斯群岛)鸟类的研究。达尔文 1835 年环球航行到该群岛时发现了一种鸣禽,故名达尔文地雀(Darwin's finches,中文学名叫达尔文雀族,拉丁学名为 *Coerebini*);它们属于裸鼻雀科加拉帕戈斯雀亚科,共有 4 属 18 种。这些地雀体形相似,其种间最明显的区别是喙部的形状和大小各异,这和它们取食的种类紧密相关,例如一种叫植食树雀的喙很像是鹦鹉的喙,适于取食树芽和果实,而另一种被称为拟鴷树雀的喙则很像啄木鸟的喙,用来取食树洞中或树皮缝中的昆虫。研究者发现,当生活条件发生变化之后,这些具有不同类型的喙的地雀产生了相应的适应性改变。例如,1977 年在科隆群岛出现了一场严重的干旱,造成了食物短缺,岛上的小种子很快就被消耗光,使得大部分以小种子为食的中喙地雀被饿死;但是,有小部分喙较大较厚的中喙地雀活了下来,因为它们的喙能够

① 达尔文. 物种起源[M]. 周建人,叶笃庄,方宗熙,译. 北京:商务印书馆,1981:97。

打开那些又大又硬的种子来取食;两年之后的测量数据表明,由于自然选择作用,岛上中喙地雀的喙体积平均增大了 4%。不久前,研究者利用全基因组测序技术比较了各种达尔文地雀的基因组序列,发现这些不同种的地雀拥有较高的遗传多样性;重要的是,发现一个影响颅面发育的转录因子 ALX1 的基因多态性参与了地雀喙部的多样性发生,即该基因的变异被用来形成不同的喙,进而能够扩大其食物的来源[1]。

从遗传学的角度来看,达尔文进化论的自然选择所针对的是个体的表型差异,而不是直接针对个体的基因型变异。本书第 2 章详细讨论过基因型与其表型之间的关系,指出这二者之间并非简单的线性关系。因此,遗传变异对生物演化的意义往往不能直接套用达尔文的自然选择理论。20 世纪中叶,研究者在群体遗传学的基础上提出了一个"现代综合进化论"(又称为"现代达尔文主义"),成为当代进化理论的主流。综合进化论把进化的基本单位定为种群(Population)而非个体;前者是指生活在一定区域内的同种生物个体之总和。综合进化论认为,一个种群中个体所含有的全部基因构成该种群的基因库,其中每个个体所拥有的基因只是其种群基因库的一部分,而某个基因在一个种群基因库中所占的比例,叫做该基因的频率;种群的个体之间在交互繁殖过程中进行基因交换,由于

---

① Lamichhaney S, Berglund J, Almén MS, et al. Evolution of Darwin's finches and their beaks revealed by genome sequencing[J]. Nature, 2015, 518:371–375.

基因突变和遗传重组等原因导致种群基因库中基因频率发生改变，所以自然选择实际上是选择那些对特定环境产生更好适应性的基因频率改变。也就是说，进化体现在种群整个遗传组成的改变上；即进化不是通过个体自身性状变异而是通过种群基因库中基因频率改变来实现。重要的是，基因频率改变本身只是为进化提供了一堆原料，自然选择才是进化的主要指引力量，它能够从这些遗传变异原料中选择出更适应环境的表型。

现代综合进化论对基因组的关注进一步引起了人们对分子层面进化规律的研究，其中最重要的就是 1968 年由日本生物学家木村资生（Kimura M）提出的"分子进化的中性理论"（Neutral Theory of Molecular Evolution）。该理论认为，大多数基因突变并无显著表型效应，或有表型效应但不影响适应度，即在表型水平上这些突变对生物既没有表现出有利也没有表现出有害，属于"中性突变"；由于中性突变对生物的生存和繁殖能力没有影响，自然选择对它们也就不起作用；因此，中性突变的基因在种群基因库中的固定主要依靠"遗传漂变"（Genetic Drift），即它们在种群基因库中的保存、扩散或消失完全是随机的。遗传漂变在进化过程中会使同种生物的不同种群间出现巨大的差异，就有可能形成不同的物种。该理论认为：生物在分子水平上的进化是基于大量"中性突变"基因随机的遗传漂变之结果。最近一项关于 45 种非洲鳉鱼全基因组的比较研究发现，一年生鳉鱼的基因组要比多年生鳉鱼受到自然选择的压力小，即前者的进化更接近中性；这种近中性进化的后果是，只影响年老个体健康的有害突变因对繁殖后代数量影响不大而逃过自然选择的清除，并通过遗传漂变在种群基因库中固定，从而使这类鳉鱼的寿命变短①。

中性进化理论认为，分子进化速率取决于核酸或蛋白质中的核苷酸或氨基酸在一定时间内的替换率。研究者发现，在血红蛋白和细胞色素 c 等一些蛋白中，氨基酸的替换率基本是恒定的；因此这些蛋白的序列分化程度和物种分化的时间成正比，物种分化时间越久，蛋白序列的差异程度越高；它们就好像是一个度量物种进化时间的"分子钟"：例如，动物的血红蛋白分子从志留纪的鱼类起源距今的演化时间大约为 4 亿年，其分子相当大的部分发生了氨基酸的替换，但并未改变血红蛋白的基本生理功能；其中各种脊椎动物血红蛋白分子 α 链都是以每年大约 10 个氨基酸的速度替换，并且替换的速度与环境的变化无关。也就是说，这种分子水平上的替换是由基因突变造成的，其中多数对生物的性状既没有表现出有利也没有表现出有害，属于中性突变或近中性突变。木村资生等人证明，这种蛋白质"分子钟"的存在支持中性进化理论——只要突变是中性的，在受到遗传漂变的作用下就能导致恒定的氨基酸替换率。

综上所述，生命进化是一个内涵非常丰富的概念，并涉及不同的层次以及许多方面，现有的每一种理论只是解释了进化的某一个

---

① Cui R, Medeiros T, Willemsen D, et al. Relaxed selection limits lifespan by increasing mutation load[J]. Cell, 2019, 178:385-399.

层次或某一个方面,如达尔文进化论从自然选择机制的角度很好地解释了生物表型的适应性进化,现代综合进化论将群体遗传学与自然选择理论相结合,成功地解释了进化过程中基因型和表型的关系;而中性进化论则从分子层面很好地解释了生物大分子多态性的起源。但是,**生物进化的创造力和进程则明确地刻画了一个从简单朝向复杂的"生命之矢",它源于构建生命的分子之有序性,更深深地植根于宇宙的基本规律——宇称不守恒。**

揭示生命的区域化

只要给我一个活的细胞,我就能给你造出一个生物的世界。

——拉斯帕(Raspail M)

人类社会的演化展现出了这样一个规律:专业化程度与文明程度高度一致,即分工不明显的原始社会、分工简单的农耕社会,以及分工复杂的工业社会。这几乎就是生物世界的一个翻版:分工不明显的单细胞原核生物(Prokaryotes)、分工简单的单细胞真核生物(Eukaryotes),以及分工复杂的、由多细胞构成的动植物。换句话说,从生命的诞生到动植物的出现,其演化方向就是要努力把细胞的专业化水平不断地提高。而提升细胞专业化程度的基本策略就是将细胞的"区域化"(Compartmentation)程度提高;从原核细胞到真核细胞是通过膜系统进行细胞内部的区域化,而从单细胞生物到多细胞生物则是通过细胞的增殖和分化进行细胞外部的区域化。

4.1 区域化的基本策略

生物体内的各种生命活动通常都发生在常温常压之下,但是,在生物大分子的作用下,这些生命活动表现出了非常高的效率和精度。以大肠杆菌执行中心法则的生物大分子复合物为例,DNA 聚合酶复合物合成 DNA 的速率在每秒 250—1000 碱基之间,通常在 3000 秒的时间内复制出一个完整的基因组;负责转录 mRNA 的 RNA 聚合酶复合物的速率为每秒几十个核苷酸,合成一条 mRNA 链的典型时间为 25 秒;而负责合成蛋白质的核糖体(Ribosome)的速率则是每秒连接 25 个氨基酸,合成一个具有 300 个氨基酸的典型蛋白质的时间大约为 20 秒①。要强调的是,这些高效而精确的生命活动依靠的不是单一类型的分子,而是许多不同种类的生物大分子,它们能够在正确的时间及空间聚集组装成高度复杂而精密的"分子机器",如细菌的核糖体是在合成蛋白质之前由一个小亚基和一个大亚基组装而成,其中小亚基含有一条 1540 个核苷酸的 RNA 和 21 种核糖体蛋白质,而大亚基则由一条 120 个核苷酸的 RNA 和一条 2900 个核苷酸的 RNA 及 31 个核糖体蛋白组成。真核细胞的核糖体比细菌的更大更复杂。显然,在细胞内进行这样复杂而高效

---

① R. 菲利普斯 J. 康德夫 J. 塞里奥特. 细胞的生物物理学[M]. 涂展春,等译. 北京:科学出版社,2012,87—88。

的生物大分子复合物的组装是开展生命活动的前提。那么,生命采用了何种策略来实现这个目标?

4.1.1 生物大分子的自组织

生物体拥有种类繁多、数量巨大的生物大分子,即使是大肠杆菌这样简单的单细胞原核生物,其基因组编码的蛋白质种类也超过4000种,所拥有的各种蛋白质分子的总拷贝数高达250万个左右,而各种RNA分子的总拷贝数则大约为26万个。显然,这些大分子在细胞内通常处于非常"混乱"的状态。此外,除了大分子的无序分布外,细胞内部还是一个极端拥挤的环境;根据对大肠杆菌的生物大分子的"普查"结果,整个细胞容积的20%到30%都被生物大分子占据,仅负责蛋白质合成的核糖体就有20 000个,占细胞总体积的10%;据统计,蛋白之间的平均间距小于10纳米。更重要的是,蛋白质和核酸等各种生物大分子具有不可穿透性,不能像无机小分子那样在溶液中自由扩散和运动,导致任何一个生物大分子的实际可及空间大大减少,被称为"排斥体积效应"。这种拥挤的细胞液态环境和排斥体积效应导致了生物大分子之间产生复杂的相互作用。

近几年的研究发现,细胞可以通过一种称为"相分离"(Phase Separation)的方式让细胞内特定的生物大分子自我聚集起来,从而在细胞的局部形成一定的"秩序";通常能够进行相分离的生物大分子是蛋白质和RNA,有时是这两类分子的混合物。这种自组织行为属于"液-液相分离",即某种生物大分子在特定条件下能够从细胞内的液态环境中分离出来,聚集在一起,形成大分子聚集的"液滴",就如同油滴从水中分离出来;在"液-液相分离"之后,该生物大分子便有两种存在形式,一种是在细胞溶液中的低浓度状态,另一种则是在液滴中的高浓度状态。换句话说,生物大分子可以通过相分离的"扎堆"方式在细胞内形成区域化组织。

在大多数情况下,高浓度的分子聚集有利于相应的生物学功能之实施。近年来多项研究工作表明,细胞的基因转录活动通过相分离方式得到了提升,如转录激酶 P-TEFb 上的特定区域可以通过分子间的相互作用以相分离的方式聚合形成液滴状结构,并把 RNA 聚合酶 II 富集到液滴中,最大化地促进该聚合酶的磷酸化,从而提高其转录活性[1]。不过,相分离过程也可以用来抑制生物大分子的活性。最近的一项研究表明,如果对酵母细胞进行高温处理,热应激条件能够诱导细胞内一种参与翻译过程的 RNA 解旋酶"Ded1p"发生相分离,聚集而成高浓度的液滴状态,液滴里高浓度 Ded1p 使其 RNA 解旋功能受到抑制,导致了指导常规蛋白合成的 mRNA(Housekeeping mRNAs)链上的二级结构不能解开,造成这类 mRNA 的翻译水平明显下降;与此同时,指导响应热应激的蛋白合成的 mRNA(Stress mRNA)不需要 Ded1p 的解旋功能,它们的翻

[1] Lu H, Yu D, Hansen AS, et al. Phase-separation mechanism for C-terminal hyperphosphorylation of RNA polymerase II[J]. Nature, 2018, 558:318-323.

译水平得到明显提高,进而使得细胞的生长变慢[①]。

　　相分离是蛋白质和核酸等生物大分子在细胞特定环境下的一个普遍特性,需要在细胞内满足一定的条件才能够发生,包括生物大分子的浓度、温度和 pH 等。生物大分子聚集到一定浓度是形成液滴状态的相分离的必要条件;一项最新的研究揭示,满足相分离的生物大分子浓度并非一个简单的、固定的阈值,而是有着不同的标准,即不同的生物大分子发生相分离时有不同的浓度需求,这一方面取决于构成生物大分子复合物里的各种组分自身的特点,另一方面取决于这些组分之间的相互作用方式[②]。

　　相分离的实现需要生物大分子之间能够形成驱动它们发生相变的相互作用。现在的研究表明,能够形成相分离能力的蛋白质主要分为两种,第一种类型是指具有"重复模序"(Repeat-Domains)的蛋白质,例如一种叫 Nck 的蛋白含有多个称为"SH3"的模序;这种重复模序可以形成蛋白质之间的"多价作用力"(Multivalency),即蛋白质之间通过重复模序发生多次相互作用,从而诱导相分离的形成。另一种类型的蛋白质则以内部无序区域(Intrinsic Disorder Region,IDR)为特点,即其序列具有一些没有确定三维空间结构的

　　① Iserman C, Altamirano CD, Jegers C, et al. Condensation of Ded1p promotes a translational switch from housekeeping to stress protein production[J]. Cell, 2020, 181: 1-14.

　　② Riback JA, Zhu L, Ferrolino MC, et al. Composition-dependent thermodynamics of intracellular phase separation[J]. Nature, 2020, 581:209-214.

片段;这些 IDR 片段的氨基酸组成比较单调,往往含有丰富的极性氨基酸或带电荷的氨基酸,从而这类蛋白质之间也能够通过多价作用力进行相互作用,进而产生相分离。对 RNA 而言,特定的 RNA 也可驱动相分离的发生。此外,一些含有 IDR 的 RNA 结合蛋白(例如 FUS 蛋白)包含多个 RNA 结合的结构域,其目的 RNA 也包含多个蛋白结合序列;这些蛋白和 RNA 之间能够通过多种方式形成多价互作,导致相分离的发生。

相分离只是生物大分子自组织的一种基本方式,可能还有其他的自组织方式待研究者揭示。但毫无疑问的是,不同种类的生物大分子通常会组织成复杂的"分子机器"来执行生物学功能。例如,DNA 复制是通过 DNA 聚合酶和其他辅助因子组成的"复制体"(Replisome)来完成的;如啤酒酵母的复制体是由 31 个不同类型的蛋白质组成一个核心,然后在复制过程中增减一些做辅助工作的其他种类蛋白质。RNA 剪接是真核生物基因表达调控的主要环节,负责执行这一任务的是细胞核内一个复杂且高度动态变化的分子机器——剪接体(Spliceosome);在剪接反应过程中,多种蛋白与核酸形成的复合物及剪接因子按照相当精准的顺序从组装到结合,再到重组和解聚;中国科学家通过结构生物学技术,系统地解析了酵母细胞里 RNA 剪接从起始到结束全过程中不同阶段的不同剪接蛋白复合物的结构与功能,展示了剪接体这个分子机器在 RNA 剪接活动中的运作方式和调控机理[①]。

不仅 DNA 复制和基因转录这样复杂的生命活动需要生物大分子组装的复合物,细胞内各种简单的代谢活动也需要用复合物来实现。研究者认为代谢反应是在特定的"代谢区室"(Metabolons)里进行的,在细胞的这些区域化空间里聚集了各种有关的酶,从而能够高效地进行相应的代谢反应。这种代谢区域化是高度动态变化的,生物大分子复合物在需要时形成,任务结束后就解聚。例如,嘌呤是机体制造核酸的基本原材料,如果细胞要用基本的小分子从头合成嘌呤,需要 6 个酶来催化 10 步化学反应。研究者发现,这些酶能够在细胞需要时组装成特定的复合物——"嘌呤小体"(Purinosome)。最新的一项研究表明,嘌呤小体能够让这些合成酶负责的代谢通路中产生的反应中间体之间形成协同效应,使得整个合成嘌呤核苷酸的代谢速率得到提高[②]。

4.1.2　功能空间的生物学分割

从生命的化学起源来看,原始生命的基本化学反应必须是快速发生的;而实现快速反应的关键之一是反应物要有足够的浓度,即

---

① Shi Y. Mechanistic insights into precursor messenger RNA splicing by the spliceosome[J]. Nat Rev Mol Cell Biol. 2017, 18: 655 – 670.

② Pareek V, Tian H, Winograd N, Benkovic SJ. Metabolomics and mass spectrometry imaging reveal channeled de novo purine synthesis in cells[J]. Science, 2020, 368: 283 – 290.

反应物要会聚在有限的区域里进行反应。科学家在 2000 年发现了在海底存在着一类碱性热泉口,它们具有复杂的结构,其内部充满了微小的空腔。研究者认为,这些空腔提供了汇聚有机分子的方式,而构成腔壁的含硫铁矿物则提供了催化能力,使得腔内的氢气和二氧化碳发生反应形成有机分子。他们据此推测,碱性热泉口是生命最初的起源地[①]。

从利用热泉口的空腔进行有机化学反应进化到在游离于环境的独立生命体内进行化学反应,一个关键步骤是:形成能够区分生命自身与外部环境之屏障,即形成能够把有关的生物大分子组织在一个特定空间的生物膜。生物膜通常包括细胞膜和细胞内膜系统两类,虽然人们尚不清楚在原始生命中生物膜是怎样发生及演化的,但从今天已知的信息来看,生物膜的构造设计非常精巧,其主要成分是双亲性脂质分子,即有一个亲水的头部基团和一个疏水的脂肪酸链尾部;以磷脂分子为例,其亲水头部通常由磷酸相连的胆碱或乙醇胺等极性基团构成,而疏水的尾部则含有两条脂肪酸长链(图 4.1 A)。这种双亲性脂质分子在液态环境中能够自组织形成囊泡状结构。细胞膜的基本架构正是这种囊泡状的磷脂双分子层,亲水的头部分别露在膜的外表面和内表面,而两个疏水尾部则被埋藏在细胞膜内部(图 4.1 B)。

---

① Martin W, Baross J, Kelley D, Russell M. Hydrothermal vents and the origin of life[J]. Nat Rev Microbio. 2008, 6:805 - 814.

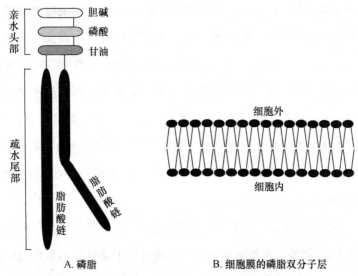

A. 磷脂　　　　　　　　　　　B. 细胞膜的磷脂双分子层

图 4.1　双亲性脂质分子与细胞膜基本结构示意图

　　细胞膜的脂质双层骨架形成了一个理想的双向细胞屏障,一方面能够有效地防止细胞外物质自由进入胞内,另一方面又能够避免胞内的物质随便流失到环境之中,从而保证了细胞形成一个不同于其外部环境的内环境,并且能够维持其胞内环境的相对稳定。细胞膜的巧妙之处在于它具有半渗透性,使得不同的物质透过细胞膜的自由扩散能力产生差别:水的渗透能力最强,葡萄糖的渗透性相对于水要小 4 个数量级,而无机物如钾离子或钠离子的渗透性比葡萄糖又小 4 个数量级。

　　细胞膜的半渗透性使得一些物质在细胞内外形成浓度差,进而建立了细胞和胞外环境之间特定的浓度梯度,例如离子梯度或质子梯度。这种浓度梯度的形成和调控则成为生命活动的重要基础;例如神经细胞膜上的离子梯度形成了膜电位,而膜电位的改变能够引发神经细胞的活动和信息的传递。浓度梯度对生命而言有两种意义,第一种与非生命世界的一样,即物质从细胞膜浓度高的一侧向浓度低的一侧流动。这种细胞膜依靠浓度梯度控制物质进出的方式称为被动转运,其主要特点是在转运过程中不消耗能量。但是,最能够体现生物膜控制物质运输的方式是进行主动转运,即可以逆浓度梯度把物质从浓度低的一侧转运到浓度高的一侧,只是这个主动转运过程需要能量的支持。

细胞膜要完成这些复杂的物质输运任务,显然不能仅仅依靠脂质分子,还需要各种蛋白质的参与。细胞膜上镶嵌着形形色色的膜蛋白;据估计大肠杆菌的基因组有 1/3 的基因编码膜蛋白,在每个大肠杆菌的细胞膜上大约有 1 百万个膜蛋白。膜蛋白中很大一部分正是用来进行跨膜物质输运的;它们又可以分为运载蛋白和通道蛋白,例如负责葡萄糖主动输运的葡萄糖转运蛋白家族"GLUTs",以及能够让离子沿着细胞膜上的亲水性孔道流动的离子通道蛋白。主动转运具有高度的选择性和调控性,意味着细胞可以根据其环境特点和自身需求构建细胞的特定内环境或者完成特定的功能;如在动植物细胞膜上常见的钠钾离子泵(Na^+-K^+ 泵),可以逆浓度梯度转运钠离子和钾离子;钠钾泵具有 ATP 酶的活性,每个 ATP 水解释放的能量可以输送 3 个钠离子到胞外,同时摄取 2 个钾离子进入胞内,造成跨膜离子梯度和电位差。需要强调的是,细胞膜上的被动转运同样也是高度可控的,如各种离子通道可以接受化学小分子、电压等控制。由神经递质等配体分子控制的称为"配体门控离子通道";在动物神经细胞膜上有数百种这样的膜蛋白,其中大部分是作为神经递质受体,例如神经递质谷氨酸的 AMPA 受体,在被激活时允许钠离子和钾离子通过。另一个例子是神经递质 GABA 的受体,当被激活时允许氯离子通过。另一大类是电压门控离子通道,其通道的通透性受膜电位控制;每个成员具有特定的离子选择性和特定的电压依赖性。

研究发现,细胞膜对物质运输的控制程度之高远远超出人们的预期。人们曾经认为水分子是不受控制的,以自由扩散的方式进出细胞膜;但美国科学家阿格雷(Agre B)发现,在红细胞膜上存在一类特定的水通道蛋白(Aquaporin),在细胞膜上组成控制水在细胞进出的"孔道";水分子经过水通道蛋白时会形成单一纵列,进入蛋白内部弯曲狭窄的通道,然后以适当角度穿过。阿格雷博士因水通道蛋白的发现而荣获了 2003 年诺贝尔化学奖。水通道蛋白可以让水分子快速进入细胞内,这一点对机体正常的生理活动很有意义;例如肾脏的主要功能是水分再吸收;在目前已知哺乳类动物的 13 种水通道蛋白中,就有 6 种位于肾脏。此外,水通道蛋白在与水相关的病理活动如脑水肿等中枢神经系统水肿中也扮演着重要的角色。最新的一项研究工作揭示,可以通过抑制水通道蛋白从胞内定位到细胞膜上而缓解中枢神经系统水肿[①]。

---

① Kitchen P, Salman MM, Halsey AM, et al. Targeting aquaporin-4 subcellular localization to treat central nervous system edema[J]. Cell, 2020, 181:784-799.

并非所有物质都能够通过细胞膜以主动转运或被动转运的方式进行跨膜运输，尤其是细胞外体积较大的分子和大颗粒状物质。细胞为此发展了一种被称为"胞吞作用"（Endocytosis）的大尺度运输方式，即将这些大体积的物质用细胞膜之一部分进行包裹，通过膜内陷而形成膜包被的囊泡，然后让含有胞外物质的囊泡从细胞膜上脱离进入胞内。胞吞作用与多种生理活动有着密切关系，如获取营养物质、免疫应答、神经递质运输、细胞信号转导等。在哺乳动物中有 3 种免疫细胞具有吞噬大的颗粒状物质的胞吞作用：巨噬细胞（Macrophages）、嗜中性粒细胞（Neutrophils）和树突状细胞（Dendritic Cells）。这些细胞一般能形成直径超过 250 纳米的内吞囊泡，用来吞噬侵入机体的病原微生物；此外，巨噬细胞还能吞噬机体内衰老或死亡的细胞。

可以这样说，有细胞膜才有生命。虽然核酸和蛋白质是生命活动的执行者，但如果没有细胞膜创造出来的特定空间，这些生物大分子将难以聚集在一起去完成其预定的功能。更重要的是，细胞膜不仅是生物大分子聚集在一起的基本保障，而且为这些生物大分子实施生命活动提供了相应的内外环境和反应条件。我们将看到，细胞膜的衍生物——内膜系统——为生命向更专业化的方向演化奠定了基础。

4.2 生命的升级版

尽管生命起源充满了未知数,但有一件事可以确定:最早的一批生物体是处于"原始社会"的原核生物,只拥有一个划分出体内和体外环境的细胞膜,细胞内部没有被进一步地分割,细胞内的各种生命活动都在同一个"共享空间"里进行。经过数亿年乃至更长时间的演化,从简单的原核生物界诞生了复杂的真核生物,不仅拥有细胞膜,而且还拥有内膜系统,用来把细胞内部划分出许许多多执行不同生命活动的"专用空间";生命从此进入了高度分工的"文明社会"。

4.2.1 复杂的内部分割

真核细胞拥有一个原核细胞所缺少的内膜系统,并在内膜系统的基础上形成了各种类型的细胞器(Organelle)。这些细胞器通常是由膜包裹而成,具有特定的形态和功能;在动物细胞里的细胞器主要有:细胞核、线粒体、内质网、高尔基体和溶酶体;在植物细胞里除了这几种细胞器以外还有叶绿体和液泡。在细胞的整个生物膜系统中,细胞膜只是其中很小的一部分,绝大部分都是构建细胞器的膜;以肝细胞为例,细胞膜占比为 2%,内质网膜为 51%,线粒体膜为 39%,高尔基体膜为 7%,核膜为 0.2%。

根据不同的功能需求,细胞的内膜在构建相应的细胞器时采用了不同的"设计";例如,内质网是用来合成蛋白质和脂质的场所,其中"粗糙内质网"用来合成蛋白质,这是由多个单层膜围成的扁平状囊泡堆叠而成,在每一个扁平状囊泡上附着许多合成蛋白质的核糖体;而用来合成脂质的则是与这些粗糙内质网紧密相连的"光滑内质网",它们是由单层膜围成的管道组成。又例如用来进行能量转换的线粒体和叶绿体。线粒体是细胞内的动力工厂,通常用来把糖类物质中的化学能转换为生命活动需要的能量分子——ATP;它呈现由双层膜构成的颗粒状或短杆状,其中外膜是平滑而连续的界膜,内膜则向内部空间延伸并多次折叠形成多个"嵴"(Cristae),内外膜不相通而形成膜间腔。叶绿体负责把光能转换为化学能,由基本平行的两层膜构成类似于橄榄球的形状,内外膜都是平滑而连续的;比较特别之处是,在叶绿体内膜的空腔中还悬浮着几十个垛叠在一起的扁平袋状层膜结构,称为"类囊体"(Thylakoids);因此,叶绿体比线粒体多了一个内部空间,即在内膜空间内还套着一个类囊体空间。

细胞核是真核细胞最重要的亚细胞结构,它是中心法则乃至整个生命活动的调控中心;染色质/染色体就保存在细胞核内。顾名思义,真核细胞就是得名于细胞内部拥有一个细胞核(Nucleus),它是真核细胞区别于原核细胞最显著的标志之一。在细胞核表面包裹着一个基本平行的双层核膜,即一层内核膜和一层外核膜;两层核膜的间隙宽10—15纳米,称为核周隙。外核膜表面有核糖体附着,并与粗糙内质网相连;显然外核膜也参与了蛋白质合成;内核膜的内侧有一层由纤维蛋白交织形成的致密网状结构的核纤层（Nuclear lamina）;它不仅对核膜有支持和稳定作用,而且也与染色质特定部位相结合。

核膜上最特殊的结构是核孔（Nuclear Pore）;这是贯穿核内外膜、直径在 50—80 纳米的圆形孔道,由数十种蛋白质组成的"核孔复合物"所构成。核孔复合物是细胞中最大的超分子复合物之一,在高等真核生物中的其分子量约为 12.5 千万道尔顿（Da）。为什么要在核膜上打出这些孔洞? 这正是生命区域化的巧妙之处。在没有细胞核的原核细胞中,DNA 复制、基因转录和蛋白质翻译都在同一个空间进行。由于没有空间隔离,原核细胞的基因转录和蛋白质翻译通常是同步进行,一个基因的转录尚未结束,核糖体就已经结合在其正在转录延伸的 mRNA 链上,开始进行蛋白质合成。而真核细胞则通过细胞核把基因转录和蛋白质翻译两项任务分在两个不同的空间进行:细胞核内只进行基因的转录,然后把转录好并剪切好的成熟 mRNA 运送到核外再进行蛋白质翻译。这种任务的区域化能够使得细胞对这些重要的生命活动进行更为精密的调控。但是,细胞为此需要解决一个重要的运输问题,不仅有大量的 RNA 分子需要运出细胞核,而且负责 DNA 复制和基因转录的酶和转录因子等各种蛋白质要从内质网合成好后输入到细胞核。显然,只有在核膜上打出一系列的核孔,才能方便这些生物大分子进出细胞核。由此也就容易理解为什么细胞核转录活动旺盛的细胞中的核孔数目较多,反之较少,如蛙卵母细胞的细胞核可有数百万乃至上千万个核孔,但其成熟后的细胞核则只有大约数百个核孔。

核膜上开孔洞并不意味着蛋白质或 RNA 就可以不受控制地随意通过核孔进出细胞核。研究者发现,能够进入细胞核的亲核蛋白基本上都含有核定位信号肽段,该肽段能够与核孔上的转运蛋白结合,然后在转运蛋白的介导下以主动运输的方式让亲核蛋白进入细胞核。核定位信号肽段通常是富含碱性氨基酸的短肽,一般是4—8 个氨基酸,可以存在于亲核蛋白肽链的不同部位,在指导完成蛋白入核后仍然保留在入核蛋白上。RNA 的出核转运同样也有着复杂而精密的调控。真核生物的基因转录产物通常是具有内含子的前体 mRNA(pre-mRNA),需要把 pre-mRNA 的内含子进行剪切并加工为成熟的 mRNA,然后才能被转运出核。mRNA 的出核转运与加工之间存在着紧密的耦联和协同关系。中国科学家最近的研究工作发现,mRNA 出核转运受到 pre-mRNA 加工步骤的影响,其核心剪接因子"SF3b"可以通过与出核因子"THO"的相互作用,帮助 THO 结合到 mRNA,进而促进 mRNA 的出核转运[1]。

由此可见,细胞内膜系统不仅对胞内空间进行了物理的分割并形成各种用膜包裹的细胞器,而且按照不同的功能需求在不同的细胞器膜上进行了相应的"改造"。可以说,真核细胞是一个有着明确

---

① Wang K, Yin C, Du X, et al. A U2-snRNP-independent role of SF3b in promoting mRNA export[J]. Proc Natl Acad Sci U S A. 2019, 116: 7837 - 7846.

分工和高度协同机制的"细胞工厂"。

4.2.2 精巧的微环境

被膜围起来的细胞器内部往往具有特定的微环境,如不同的离子浓度或者特定的 pH,从而使得在细胞器内部能够进行不同的生化反应。以线粒体为例,其外膜与内膜之间存在一个宽约 6—8 纳米的空隙,称为膜间隙,其中充满了液体,含有各种可溶性的酶、反应底物和辅助因子等;而由线粒体内膜包裹的内部空间则被称为"基质",其中含有众多参与三羧酸循环和脂肪酸氧化等生化反应的酶。重要的是,被内膜分隔开的这两个微空间的 pH 是不一样的,膜间隙内的 pH 是 7,而基质里的 pH 是 8,从而形成一个跨内膜的质子(H^+)梯度差,使得质子流顺着质子梯度差推动嵌在内膜上的ATP 合成酶合成 ATP(图 4.2A)。

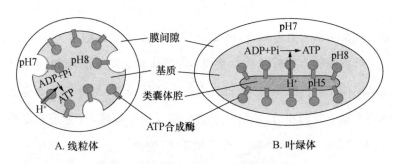

图 4.2 线粒体和叶绿体的微环境示意图

这种在细胞器内具有不同微环境的特点在叶绿体上表现得更为突出。叶绿体除了内外膜之间的膜间隙和内膜基质这两个内部空间之外,还拥有第 3 个内部空间,即由基质中悬浮的类囊体膜包围着的类囊体腔。这 3 个内部微空间具有 3 个不同的 pH,其中膜间隙内的 pH 是 7,基质里的 pH 是 8,而类囊体腔内的 pH 却竟然是 5。因此,在叶绿体内形成一个跨类囊体膜的质子梯度差,使得质子流从类囊体腔内向内膜基质流动,进而推动嵌在类囊体膜上的ATP 合成酶合成 ATP(图 4.2B)。

细胞器的这种微环境差异还体现在不同的物种上。高等植物,尤其是农作物,通常可以按照二氧化碳被细胞转化成化合物的方式分为两类:C4 植物和 C3 植物。C4 植物是指,把空气中吸收的二氧化碳首先合成苹果酸或天门冬氨酸等含 4 个碳原子的化合物,如玉米、高粱和甘蔗等;而 C3 植物则是指,二氧化碳固定的最初产物是三碳化合物——磷酸甘油酸,如小麦、水稻、烟草和棉花等作物。C4植物与 C3 植物相比,前者具有生长能力强、二氧化碳利用率高、需水少等许多优点。二者的关键差别在于:C4 植物的维管束鞘细胞和叶肉细胞都含有叶绿体,而 C3 植物的维管束鞘细胞不含叶绿体,只有叶肉细胞含有叶绿体。重要的是,C4 植物的维管束鞘细胞叶绿体不同于叶肉细胞的,前者含有的类囊体很少,而后者的类囊体则很丰富。我们知道,植物的光合作用有两个阶段,首先是需要光能的“光反应”,把水分解为质子和氧气,进而产生高能化合物——NADPH 和 ATP;然后进入“暗反应”(又称“光合碳循环”)阶段,利用这些高能化合物将气体二氧化碳同化(CO_2 assimilation)并最终成为糖类有机物,因此,C3 植物的整个光合作用只发生在具有叶绿体的叶肉细胞中;而在 C4 植物中,光合作用的光反应发生在叶肉细胞叶绿体的类囊体上,而光合作用的暗反应则发生在维管束鞘细胞叶绿体的基质中。

细胞甚至可以把不同的区域化"风格"整合在一起;其典型代表就是细胞核里的亚细胞器——核仁(Nucleolus)。核仁是 19 世纪 30 年代发现的,在光学显微镜下的核仁一般为圆球形或卵球形结构,常处于细胞核内偏中心的位置。不久前的研究揭示,核仁表现出典型液滴状结构和相分离特征,两个小液滴状的核仁可以像水滴一样相互融合成一个大的核仁[①]。核仁现在被称为"无膜细胞器"。换句话说,有膜的细胞器内还可以拥有无膜的细胞器。早期,人们认为,核仁的功能是合成加工核糖体需要的 rRNA 并进行核糖体亚单位的装配,因此核仁常被称为"核糖体工厂"。最新的研究表明,核仁的相分离导致了新功能的产生,即通过相分离实现错误折叠蛋白的修复。研究者发现,蛋白在热应激条件下会导致错误的折叠,随后错误折叠的蛋白从细胞核的核质中进入核仁,并与核仁里特有的相分离蛋白 NPM1 结合;与此同时,负责帮助蛋白质折叠的分子伴侣 Hsp70 也在热激条件下进入核仁,并且与 NPM1 结合,然后对

---

① Brangwynne CP, Mitchison TJ, Hyman AA. Active liquid-like behavior of nucleoli determines their size and shape in Xenopus laevis oocytes[J]. Proc Natl Acad Sci U S A. 2011, 108:4334 – 4339.

错误折叠的蛋白进行修复[①]。

显然,细胞区域化的关键目标就是,要在细胞内部形成各种相对独特而稳定的微环境。但需要注意的是,这些具有微妙差别的胞内微环境之间又有着高度的协调一致和有序的联系。细胞正是通过这些紧密协同的专属微环境,不仅能够高效地进行不同的生化反应,而且能够把相关的生化反应有序地整合在一起,从而去实现特定的生命活动。

4.2.3 流动的空间

生命是一种过程,一切都在变动之中。细胞的区域化也同样服从这个原则。就细胞膜来说,尽管它是生命与外部环境最主要的屏障,但其膜结构并非一个静止的隔墙,而是始终处于流动之中。膜的流动包括了膜脂的运动和膜蛋白的运动。首先,在膜的磷脂双分子层中,磷脂分子可以在同一层中进行侧向的扩散运动或者旋转运动,也可以从双分子层中的一层翻转到另一层。细胞膜除了以磷脂双分子层作为基本的支架,还具有大量的膜蛋白,估计在大肠杆菌细胞膜的每一层膜脂上就有 50 万个膜蛋白;这些膜蛋白能够与磷脂层的内外表面结合,或者嵌入到磷脂层内,或者贯穿磷脂双分子层而部分地露在细胞膜的内外表面;重要的是,这些膜蛋白也可以

---

① Frottin F, Schueder F, Tiwary S, et al. The nucleolus functions as a phase-separated protein quality control compartment[J]. Science, 2019, 365:342-347.

在细胞膜上进行运动，如侧向运动或旋转运动。研究者据此提出了细胞膜的流动镶嵌模型，即细胞膜结构是由液态的磷脂双分子层中镶嵌着的大量可以移动的膜蛋白所组成；因此细胞膜具有流动性，其膜结构处于不断变动的状态之中。

　　膜的流动性不仅让细胞膜成为动态结构，而且让细胞膜与细胞的内膜系统组成了一个紧密协调的物质输运系统，可以通过"胞吞作用"（Endocytosis）从胞外获取大分子和颗粒状物质，也可以通过"胞吐作用"（Exoplasmosis）将胞内的物质排出细胞，还可以通过胞内运输方式将物质从一个细胞器移动到另外一个细胞器。"胞吞"的经典例子是细胞从血液中吸收含胆固醇的低密度脂蛋白颗粒，这些低密度脂蛋白首先通过受体结合在细胞膜表面，导致细胞膜发生弯曲和内陷，形成含有低密度脂蛋白颗粒的球形囊泡，并进入细胞质，然后这些囊泡的脂膜与胞内负责降解蛋白质等各种生物大分子的细胞器——溶酶体（Lysosomes）——的脂膜融合，释放出低密度脂蛋白。与胞吞作用相反，胞吐作用是将细胞内的物质运输到胞外。细胞通常可以把胞内合成的蛋白质通过胞吐作用分泌出来，如胰岛细胞分泌胰岛素（Insulin）——首先是在内质网合成胰岛素前体（Proinsulin），胰岛素前体随后转运到高尔基体进行加工，形成含有胰岛素和 C 肽的分泌囊泡，在葡萄糖等外部信号的刺激下，分泌囊泡从细胞质运送到细胞膜，囊泡的脂膜与细胞膜融合并将胰岛素释放到胞外。在不同细胞器之间以囊泡形式进行物质输运的典型是高尔基体；这是由数个单层膜的扁平囊泡堆在一起的细胞器，分布在内质网与细胞膜之间；扁平囊通常呈弓形，周缘分布着或大或小的运输囊泡。高尔基体的主要功能是将内质网合成的蛋白质进行修饰和加工，然后分门别类地利用运输囊泡把加工好的蛋白质送到细胞特定的场所。

最能体现膜的流动性的是细胞核膜的周期性变化。在动植物细胞每次进行有丝分裂的过程中，核膜都会进行有规律的解体和重建。在有丝分裂的前期，核孔蛋白和核纤层蛋白被磷酸化修饰，引发核孔复合体和核纤层的解聚，进而导致外核膜和内核膜完全崩解，形成许多单层的核膜小泡并分散于细胞质中，或融入内质网中。在有丝分裂的后期，核膜小泡先是在染色体周围聚集，随后融合并重新形成双层核膜；核孔复合体也在核膜上重新装配，而在前期被磷酸化的核纤层蛋白则去磷酸化并且重新形成核纤层；最终在有丝分裂结束时形成两个完整的子代细胞核。

有意思的是，细胞核里的核仁也同样在有丝分裂期间表现出周期性的消失与重建。当细胞进入有丝分裂前期时，核仁开始变形和变小；然后停止 rRNA 的合成，用于指导 rRNA 合成的基因逐渐收缩并回到相应染色体上的核仁组织区；在核膜完全解聚后核仁消失。在有丝分裂的末期，核仁组织区的 DNA 解聚，rRNA 的合成重新开始，微小的核仁重新出现在染色体核仁组织区附近。有丝分裂结束后，在两个子细胞核中分别产生了新的核仁。核仁的这种周期性变化与最近发现它的相分离特性之间的关系显然是一个值得探讨的新课题。

真核细胞的内膜系统最巧妙的应用也许要数细胞自噬（Autophagy）。细胞自噬是真核生物对细胞内物质进行再利用和质量控制的重要手段：当细胞在缺乏营养或者缺氧等应激情况下，细胞会将胞内一部分细胞质用膜包裹起来，形成双层膜结构的自噬囊泡，然后送入溶酶体进行降解并加以循环利用，以此帮助细胞度过眼前的困境；此外，胞内受损伤的线粒体等功能异常的细胞器也可以被包裹到自噬囊泡，并运送到溶酶体进行降解，从而能够对细胞自身进行清理和自我修复。日本科学家大隅良典（Ohsumi Y）利用酵母系统揭示了自噬的分子机制而荣获 2016 年度的诺贝尔生理学或医学奖。显然，形成自噬囊泡的磷脂膜是细胞进行自噬的关键因素之一。最近德国科学家通过对酵母的研究发现，细胞并不是采用胞内现存细胞器的膜组分来组装自噬囊泡，而是在自噬囊泡形成初期，位于自噬囊泡膜上的蛋白酶（acyl-CoA Synthetase Faa1）活化在细胞质中的游离脂肪酸，然后在内质网上利用这些活化的脂肪酸进行新磷脂的合成，并将新合成的磷脂整合到自噬囊泡的膜上，使得自噬囊泡膜逐渐扩大，最终形成完整的自噬囊泡[1]。

虽然我们把细胞的区域化理解为胞内专业化空间的搭建，但是细胞区域化的主要特征却是这些胞内空间并非静止不变，而是时刻处于变化和流动之中。这种具有高度动态特征的专业化空间不仅

---

① Schutter M, Giavalisco P, Brodesser S, Graef M. Local fatty acid channeling into phospholipid synthesis drives phagophore expansion during autophagy[J]. Cell, 2020, 180: 135 - 149.

提升了对生命活动的精巧操作和控制能力,而且很好地满足了对变幻莫测的内外环境之适应需求。

4.3 多细胞的解决方案

所有原核生物都属于单细胞生物,它们的个体都非常微小,例如具有杆状形态的大肠杆菌,其典型长度是 1—2 微米,直径为 0.5—1 微米,体积为 1 立方微米。而真核单细胞生物体积则比原核生物要大得多,例如酵母细胞的体积大约是大肠杆菌的 60 倍。正是因为真核细胞拥有比原核细胞大很多的内部空间,所以它能够在这种内部大空间中进行专业区域的划分,形成各式各样的细胞器;其中每个细胞器都能够拥有自己一定的空间,例如线粒体的典型体积为 0.4 立方微米。但是,一个真核细胞内部空间再怎么大,能够采用区域化的方式构建的专用空间依然是相当有限的。若生命希望提升自己的专业化水平和技术,就不能停留在细胞内部"玩"区域化了,需要开拓细胞外部的区域化。在距今 5.4 亿年前的寒武纪,多细胞生物突然涌现;从那时开始,生命的专业化水平进入全新的阶段。人们今天所熟悉的动植物都是多细胞生物,它们的体型是单细胞生物无可比拟的,云南省西双版纳地区有一种树叫"望天树",最高可达 60 米,胸径最大可超过 1 米;海洋里有一种"蓝鲸",最长可达 33 米,近 200 吨重。换句话说,**生命专业化能力的发展方向,**

从早期在细胞的胞内空间进行区域化划分转变到了利用胞外空间进行扩展——让一个机体拥有执行各种生物学功能的不同类型的细胞。

4.3.1 新的区域化手段

真核生物最初的形式与原核生物是一样的,都是单细胞生物。单细胞生物维持其存在的最基本过程是,采用细胞分裂的方式进行繁殖,即把细胞内的遗传物质完整地复制为两份拷贝,然后分裂成为各自带有一份遗传信息拷贝的两个新细胞;就这样一代又一代地进行下去。对多细胞真核生物而言,用于增加细胞数量的手段依然是细胞分裂,只是细胞分裂方式变得更为精巧和复杂。大多数动植物都是通过有性繁殖形成二倍体生物,拥有两套分别来自父本和母本的同源染色体;它们通常具有两种细胞分裂方式:有丝分裂和减数分裂。前者是个体发育过程中细胞数量增加的主要手段,即细胞首先通过 DNA 复制的机制将自身的基因组完整地复制为两份拷贝,然后通过有丝分裂的方式再把这两份基因组拷贝分离,形成两个二倍体的子代细胞;而后者则是二倍体生物保证其有性繁殖的基本方法,即细胞连续分裂两次,形成 4 个单倍体的生殖细胞,雄性生物的称为精子,雌性生物的称为卵子,这二者也常常被统称为配子。

动植物作为多细胞生物,拥有的细胞数量巨大;如人体大约有 30 万亿到 60 万亿个细胞。但不论多细胞生物拥有多少个细胞,最初都源自一个细胞。对采用有性生殖方式繁衍后代的生物而言,最初的这个细胞就是受精卵,由一个精子和一个卵子结合而成。在形成个体的发育过程中,单个受精卵首先以有丝分裂的方式形成2个子代细胞,这2个细胞再次分裂形成4个细胞;就这样一次次通过细胞分裂的方式不断地进行细胞数量的扩增,直至达到一个完整的个体所需要的细胞数。需要强调的是,从受精卵通过有丝分裂扩增而来细胞都是二倍体细胞,也称为"体细胞"(Somatic Cells);在多细胞生物从胚胎到个体的发育过程中,主要就是利用这类体细胞进行细胞数量的扩增。

但是,多细胞生物不仅增加了细胞的数量,而且还增加了细胞的类型。在发育成完整个体的人体中,估计有200多种不同类型的细胞,如神经细胞、脂肪细胞、肌肉细胞、白细胞和红细胞等等。多细胞生物用来增加细胞种类的基本手段是"细胞分化"(Cell Differentiation),即让同一类型体细胞在发育过程中逐渐产生形态、结构和功能等有明显差别的不同细胞类群。导致这种细胞分化的根本原因在于,尽管机体的每个细胞都具有相同的基因组,但是只能表达其基因组里的一部分基因,且不同种类的细胞之间表达的基因类型有明显的差别。换句话说,每一种细胞都有自己的一套特征基因表达模式,并产生出相应的蛋白质种类,进而去实现该种细胞的特定功能。

由此可知,多细胞生物在其胚胎发育的过程中,通过不停的细胞分裂扩增了体细胞的数量,并形成了具有特定空间结构的胚胎,而通过胚胎不同空间部位的细胞群体的连续不断的分化,则产生了具有特定功能的专业化细胞，从而实现了多细胞生物的外部区域化策略。以动物的胚胎发育为例：受精卵经过多次连续的有丝分裂，形成一个由 16 个小细胞组成的实心细胞团，称为桑葚胚；桑葚胚继续通过分裂增加细胞数量，并逐渐地形成一个由很多细胞组成的中空球形体，称为"囊胚"（Blastula）。胚胎进入囊胚阶段之后开始出现分化，个体较大的细胞聚集在胚胎一侧，称为内细胞团，将来发育成个体的各种组织；而个体较小的细胞覆盖在内细胞群外面，称为滋养层细胞，将来发育成胚膜和胎盘。囊胚上不同部位的细胞经过细胞增殖和细胞迁移运动，形成了不同的胚层，称为"原肠胚"（Gastrula）。原肠胚形成的过程奠定了个体发育的基本模式，其中由内外两个胚层发育成的个体称为二胚层动物，如腔肠动物；而在内外胚层之间形成中胚层的称为三胚层动物，大多数高等动物都属于三胚层动物。胚胎发育是以细胞层形成的胚层为中心，由胚层的细胞分化形成各种器官，外胚层分化形成神经系统，感觉器官的感觉上皮、表皮及其衍生物，消化管两端的上皮等；中胚层分化形成肌肉、骨骼、真皮、循环系统、排泄系统、生殖器官、体腔膜及系膜等；内胚层则分化形成消化管中段的上皮，消化腺和呼吸管的上皮，肺、膀胱和附属腺的上皮等。

不同的分化细胞种类之间的差别在于选择不同类型的基因进行表达，即在本书第二章第一节中所介绍的对基因组信息进行"选择性地阅读"。在分化细胞中进行表达的基因种类可以分为两大类型：管家基因（House-keeping Genes）和组织特异性基因（Tissue-

specific Genes)。前者是维持细胞基本生命活动所必需的,如 DNA
和 RNA 合成酶的基因、线粒体能量代谢酶的基因等;它们在所有
种类细胞中都要被表达。而后者则在不同种类细胞中进行特异性
表达,如哺乳动物机体内有一个重要的内分泌器官——"胰岛"
(Pancreatic Islet),由 α 细胞、β 细胞、γ 细胞及 PP 细胞等各自表达
一种特定激素基因的分泌细胞组成,其中 α 细胞只能表达胰高血糖
素基因,而 β 细胞只能表达胰岛素基因。这种基因选择性表达的控
制涉及细胞内部和外部的许多因素,如转录因子、基因多态性、表观
遗传修饰、生物以及物理化学信号分子等。例如,当机体血糖浓度
低时,往往能被 α 细胞感知,并激活胰高血糖素基因的表达,进而将
胰高血糖素分泌出细胞,促进糖原分解成为单糖,使血糖浓度明显
升高。当机体血糖浓度高时,β 细胞的胰岛素基因表达被启动,随
之分泌出胰岛素,促进肝细胞和脂肪细胞等外周组织细胞对糖的吸
收,使血糖浓度降低。

　　近年来,随着测序技术的进步,尤其是单细胞转录组测序技术
的普及,研究者能够在单细胞水平上分析整个基因组的基因转录情
况。借助单细胞转录组测序技术,研究者以前所未有的分辨率,精
确地揭示出了多细胞生物从受精卵分裂到个体发育中各种组织器
官的细胞分化的过程和分化细胞的类型。例如,瑞典科学家以单细
胞分辨率研究了胚胎心脏 3 个发育阶段中各种细胞类型的基因表
达模式,发现了心脏整体的空间基因表达模式早在胚胎发育过程中
就已建立,并在整个胚胎发育过程中得以维持;此外,心脏内不同区

域之间的基因表达差异比不同发育阶段之间的差异更为明显[①]。又例如,德国科学家通过对人体肝脏不同组织的1万多个细胞的单细胞 RNA 测序分析,绘制了首个人类肝脏图谱(Human Liver Atlas),不仅有肝实质细胞、血管内皮细胞以及胆管细胞等经典的肝脏组织细胞,而且发现了许多全新的肝脏细胞类型,包括一种上皮祖细胞(Epithelial Progenitor)[②]。正是在这些研究技术的推动下,当前国际上兴起了一个大科学计划——"人类细胞图谱"(Human Cell Atlas,HCA),计划采用各种的分子表达谱作为标准对人类细胞类型进行分类,进而确定人体的所有细胞类型。美国国立卫生研究院最近也支持了一个类似的科学研究计划"人类生物分子图谱计划"(Human Biomolecular Atlas Program,HuBMAP)——建成一个在单细胞水平包含了可以在所有个体中鉴别的关键解剖学结构和经典组织结构成分的生物分子和细胞的高分辨率三维图谱。

4.3.2　细胞的家谱

在多细胞生物由一个受精卵发育而成个体的过程中,亲代与子

---

① Asp M, Giacomello S, Larsson L, et al. A spatiotemporal organ-wide gene expression and cell atlas of the developing human heart[J]. 2019, Cell, 179, 1647 – 1660.

② Aizarani N, Saviano A, Sagar, et al. A human liver cell atlas reveals heterogeneity and epithelial progenitors[J]. Nature, 2019, 572:199 – 204.

代细胞之间以及同代细胞之间具有类似于人类家族谱系那样的"亲缘关系谱",故称为"细胞谱系"(Cell Lineage)。早在 20 世纪 70 年代,英国科学家苏尔斯顿(Sulston JE)通过光学显微镜对线虫的整个发育过程进行了持续的观察,描绘出了迄今为止多细胞生物种类中一个最为完整的细胞谱系图[①],他本人也因此项研究工作而荣获2002 年度的诺贝尔生理学或医学奖。线虫是一个长约 1 毫米、组织结构非常简单的无脊椎动物,从受精卵到成虫过程中总共分裂产生 1090 个体细胞;这张线虫细胞谱系图清楚地揭示了这 1090 个体细胞中每一个细胞的身世。但是,今天的细胞谱系研究显然要比那时的线虫细胞谱系研究复杂很多。

在传统的细胞谱系研究中,通常只关注体细胞的传代情况和分化结果。而现在的研究则把重点转移到了一类新型细胞——"干细胞"(Stem Cells)之上。这类细胞通常是处于细胞谱系起源端的原初细胞;它们有两个基本特点:一是具有成为多种执行特定功能的体细胞的分化潜能;其次是具有通过细胞分裂产生和自己完全相同的子细胞的自我更新能力。目前研究者关注的干细胞主要有两种类型:胚胎干细胞和成体干细胞。前者通常是指从胚胎囊胚期内细胞团中分离出来的一类干细胞;除了具有自我更新能力之外,其主要特色是具有可分化为机体所有组织和器官的细胞类型的发育全

---

① Sulston JE, Horvitz HR. Post-embryonic cell lineages of the nematode, Caenorhabditis elegans[J]. Dev Biol, 1977, 56:110-156.

能性。后者则是指存在于机体已经分化的组织器官中的干细胞,具有可以分化产生若干种特定细胞类型的发育多能性。

尽管受精卵以及胚胎发育初期的细胞都具有发育全能性,例如受精卵在发育过程中分裂成两个或多个细胞后形成同卵双胞胎或多胞胎;但它们并不能被直接视为胚胎干细胞。胚胎干细胞从本质上说并不存在于机体内;这是研究者利用各种技术把细胞从胚胎初期分离出来并进行体外培养的产物;目前已经能够从各种哺乳动物乃至人类的胚胎中分离出这类具有全能性的细胞并培养成功。此外,研究者还可以利用体细胞核转移技术制造出胚胎干细胞。胚胎干细胞在干细胞生物学研究和再生医学方面具有重要的价值,如可以用于组织器官修复或者进行细胞治疗。

与胚胎干细胞相比,成体干细胞则广泛存在于机体的各种组织器官中。目前发现的成体干细胞主要有:造血干细胞、间充质干细胞、皮肤表皮干细胞、肠上皮干细胞、毛囊干细胞等。这些存在于已分化组织器官中的未分化细胞,不仅可以自我更新,而且在一定的条件下也可以分化成为执行特定功能的体细胞类型,从而使各种组织器官能够维持生长或进行修复。最为活跃的当属造血干细胞。由于血液系统中红细胞、白细胞等各种成熟细胞的寿命极短,因此需要位于骨髓的造血干细胞时时刻刻给予补充。造血干细胞首先被诱导成髓样干细胞,然后被分化形成各种前体细胞,如有核红细胞(终产品:红细胞)、巨核细胞(终产品:血小板)、粒-单核细胞前体(终产品:中性粒细胞、巨噬细胞、髓系树突细胞)等。在机体响应免疫信号时,造血干细胞则被诱导成淋巴样干细胞,然后再分化形成始祖 B 细胞和始祖 T 细胞等前体免疫细胞,这些前体细胞则继续分化形成不同的免疫细胞。

单细胞转录组测序技术在细胞谱系研究方面也发挥了重要的作用;例如,中国科学家不久前对来自人类胚胎期的从第 7 周到第 25 周肾脏的 3000 多个单细胞进行了转录组测序分析,揭示了在肾脏发育过程中,负责产生肾单位的间质细胞存在两个亚群。其中一群细胞(CM1)维持着在肾单位发生过程中前体细胞的数量和功能;另一群细胞(CM2)则开始进入分化状态并产生肾小管上皮细胞;此外,他们的研究还发现了这些前体细胞分化产生不同类型肾小管上皮细胞的先后次序以及调控机制[①]。最近美国科学家把 DNA 条形码技术和单细胞转录组测序结合起来,进行了小鼠造血干细胞、祖细胞和子代细胞之间关系的谱系追踪,鉴定出两条新的单核细胞分化路线,它们将产生具有不同基因表达谱的成熟细胞;此外,该技术还揭示,细胞谱系分化的决定受到内在的谱系启动因子和环境因素的共同影响[②]。

① Wang P, Chen Y, Yong J, et al. Dissecting the global dynamic molecular profiles of human fetal kidney development by single-cell RNA sequencing[J]. Cell Reports, 2018, 24:3554-3567.

② Weinreb C, Rodriguez-Fraticelli A, Camargo FD, Klein AM. Lineage tracing on transcriptional landscapes links state to fate during differentiation[J]. Science, 2020, 367:eaaw3381.

4.3.3 可逆的细胞命运

经典的发育生物学观点认为,多细胞生物体的分化过程是不可逆的,"开弓没有回头箭",在受精卵发育形成个体的过程中,身体各种组织器官上的不同种类细胞都是由基因组预先编好的遗传程序决定的。这种细胞命运决定的过程和调控机制一直是发育生物学的研究重点。最近研究者利用单细胞转录组测序技术研究了小鼠神经嵴(Neural Crest)的细胞命运决定过程和作用机制,发现这类细胞的命运决定分 3 个阶段进行:首先是在准备分化的分岔口,细胞激活了两种相互竞争的遗传程序;而一旦细胞选择了其中一个遗传程序,与之竞争的遗传程序就变弱;随后细胞就按照其选定的路径进行分化。也就是说,在细胞分化的过程中,前体细胞/祖细胞通常要面临一系列的二元选择,而它所做的每一个决定都使得细胞分化范围缩小;直到它到达分化的终点[①]。

需要注意的是,已经分化完成的细胞虽然只能表达基因组里的一部分基因,但是其细胞核中依然含有个体发育的全部基因,具有在一定条件下能够发育形成完整的生物个体的潜能,称为细胞全能性。一般认为,植物细胞的全能性要远高于动物细胞,如把胡萝卜根的韧皮部组织细胞放在合适的培养基上培养,能够形成具有根、

---

① Soldatov R, Kaucka M, Kastriti ME, et al. Spatiotemporal structure of cell fate decisions in murine neural crest[J]. Science, 2019, 364:eaas9536.

茎、叶的完整的植株;一种叫"落地生根"的草本植物,其叶片脱落后可扎根土壤长成一棵完整的新植株。而分化的动物细胞则很难表现出这样的全能性。人们普遍认为,动物的个体发育,尤其是哺乳动物的发育是一个单向的分化过程,细胞分化的程度越高,细胞的可塑性越小。但是,1996 年 7 月 5 日诞生的世界上第一头克隆绵羊多莉(Dolly)改写了关于动物全能性的理论。这个实验表明,哺乳动物机体内已经高度分化的细胞的全能性并没有丧失,其关于发育完整性的遗传程序在个体发育过程中并没有发生不可逆的改变,在特定的条件下可以得到恢复,最终仍能发育成一个完整的生物体。多莉羊的克隆成功源于细胞核移植技术,即将已经高度分化的乳腺细胞中的细胞核移到被摘除了细胞核的卵细胞中。从此,这种运用人工遗传操作方法通过无性生殖产生与原个体有完全相同基因组的后代的体细胞"克隆"技术就被广泛用于哺乳动物,已经成功获得了鼠、猫、狗、牛、羊、猪乃至猴的克隆后代。目前从技术上说,克隆人也是有可能做到的,只是道德伦理上不允许这样做。

这种细胞全能性的恢复不仅可以通过核移植技术做到,而且能够用更简单的办法实现。日本科学家山中申弥(Yamanaka S)在 2006 年发表了一项研究工作:将 4 个转录因子(Oct4、Sox2、Klf4 和 c-Myc)同时转入到已经分化的小鼠成纤维细胞中,就能够得到一种类似胚胎干细胞的多能干细胞(Induced Pluripotent Stem Cells,IPS Cells)。山中申弥博士也因此项研究获得了 2012 年诺贝尔生理学或医学奖。这些研究工作引出了发育生物学的一个重要的新概念——细胞重编程（Cell Reprogramming），即利用人工方法将已分化的体细胞内基因组的基因表达程序改变为另一种具有新的分化潜能的基因表达程序。经过研究人员的各种尝试，目前可以用人工方法实现两类细胞重编程：多能性重编程和谱系重编程。前者是指分化的体细胞通过重编程变成了具有胚胎干细胞发育潜能的多能干细胞；后者是指分化的体细胞转变成跨谱系的成体干细胞，或从一种类型的体细胞变成另一种类型的体细胞——如皮肤成纤维细胞变成肝细胞。

　　虽然目前研究者开展了大量的研究工作，但是要想人为地准确控制细胞重编程的过程并非易事。从理论上说，重编程是细胞分化的"历史倒车"，一路上要经历许多逆分化的"岔路口"，很容易走错路。因此，不论是多能性重编程还是谱系重编程，效率通常都比较低，在处理过的成千上万个细胞中，只有小部分细胞能够被正确地重编程。如何追踪细胞重编程的"轨迹"也是一个巨大的挑战。最近，研究者将单细胞转录组测序技术与细胞标记技术结合起来，发展了一种称为"细胞索引"（Cell Tagging）的组合技术，能够同时检测细胞的基因表达程序和细胞谱系；研究者利用这个新技术研究了成纤维细胞重编程为内胚层祖细胞（Endoderm Progenitor）的过程，发现了两种不同的转换路径：一种转换路径成功地产生了重编程细胞，而另一种转换路径则让细胞进入"死胡同"状态[1]。

需要强调的是,谱系重编程在动物的正常生理状态或者病理状态下能够自然发生。例如,两栖类动物"蝾螈"具有强大的器官再生能力,它们能够再生四肢、尾巴,甚至眼睛。通常情况下,随着细胞分化程度的增加,不仅发育的潜能逐渐降低,而且细胞增殖的能力也逐渐降低。动物体内的肿瘤细胞大多是从分化程度高的体细胞演化而来,即通过降低其细胞分化程度来提升细胞增殖能力;这种病理性逆转细胞分化的重编程过程称为"去分化"(De-differentiation)。显然,如果让肿瘤细胞再重新分化,将导致其增殖能力下降。中国科学家王振义发现,在治疗白血病时,不是一定要把癌细胞杀死,而是可以用药物将癌细胞诱导分化成良性细胞,也能够达到治疗的目的;由此他奠定了诱导分化治疗肿瘤的临床基础理论,并因此在 2011 年获得了国家最高科学技术奖。瑞士科学家 2019 年发表的一项研究表明,如果用药物把恶性乳腺癌细胞诱导分化为脂肪细胞,将有效抑制原发性肿瘤细胞的侵袭以及转移[2]。

这些与分化相关的生物学现象以及生物学研究实验表明,**细胞**

① Biddy BA, Kong W, Kamimoto K, et al. Single-cell mapping of lineage and identity in direct reprogramming[J]. Nature, 2018, 564:219 - 224.

② Ishay-Ronen D, Diepenbruck M, Kalathur RKR, et al. Gain fat-lose metastasis: converting invasive breast cancer cells into adipocytes inhibits cancer metastasis[J]. Cancer Cell, 2019, 35: 17 - 32.

分化是一个动态可逆的过程,无论细胞的状态是处于个体发育的哪一个阶段,都有可能在自然的条件下或者人工干预的条件下发生改变:可以进一步分化,也可以去分化,还可以把已经去分化的再改回分化状态;可以让处在个体发育的终端的分化细胞退回到胚胎状态,也可以让一种处于特定分化状态的细胞改换到指定的分化状态,不受谱系的影响,也不受胚层来源的影响。换句话说,细胞的命运决定不是绝对的,而是相对的!

重构生命的复杂观

整体大于它的各部分之和。

——亚里士多德（Aristotle）

20 世纪下半叶是分子生物学的黄金时期，生物学家把研究工作建立在还原论基础之上——生命是一架按照物理化学规律搭建的精密机器，只要把其中基因或蛋白质等各种分子"零件"的结构和功能分别弄清楚，就可以掌握生命机器的运行规律。换句话说，这是一种"简单观"的生命科学，生命活动主要是由各种构成成分的自身行为来决定的，特定的生物分子决定特定的生物学功能。随着研究技术的提升和研究知识的进展，尤其是 20 世纪末人类基因组计划（Human Genome Project）的实施，研究者逐渐认识到，生物学研究并非如此简单。著名的生物学期刊《细胞》（Cell）在 2014 年 3 月纪念创刊 40 周年的专辑中，将该专辑的主题确定为"复杂性"（Complexity）；并在题为《把它们拼起来》的社论的结束语中强调：

我们重新回过来承认,生命的研究确实是复杂的。

5.1 从元件到网络

一个基本的常识是,物体的复杂程度将随着构成该物体的元件数量和类型的增加而增加。简单地看,生命也符合这个常识。原核生物如大肠杆菌的基因组拥有 4000 多个制造蛋白质的编码基因,单细胞真核生物如芽殖酵母拥有 6000 多个编码基因,多细胞生物如果蝇拥有 13 000 多个编码基因,哺乳动物如小鼠则拥有 30 000 多个编码基因。但情况并非如此简单,人类基因组的编码基因才 20 000 多个,与线虫这样简单的无脊椎动物的基因数量差不多,而水稻的编码基因则高达 38 000 多个。更重要的是,基因组比较揭示,人类的编码基因与小鼠的相似度高达 85%,与果蝇的相似度也达到了 61%。这些信息提示我们,生物种类的复杂性并不仅仅是由生物体拥有的生物分子元件的数量和类型来决定的。显然,各种生物元件之间的构成关系对生命的复杂程度有着不容忽视的作用。一项对蛋白质之间相互作用数量的统计研究揭示,不同生物体之间复杂程度的差别与蛋白质相互作用网络的大小高度相关,越是复杂的生命,其相互作用越广泛;人类蛋白质相互作用网络比果蝇的大一个数量级,比线虫的大三倍①。换句话说,**每一种生命活动不仅依赖于相应的生物元件的结构和功能,而且还取决于这些生物元件之间形成的相互作用网络。在多细胞生物中,这些生物分子的相互作用网络不仅存在于细胞层面,而且跨越到组织和器官等各种层面。**

5.1.1 错综复杂的关系网

大量的研究结果表明,基因组内的各个基因并不是"单干户",它们之间通常都有着密切的关系和相互影响。首先来看原核生物,它们基因组内的基因通常以"操纵子"(Operon)的形式存在,即由两个或两个以上的编码基因构成一个转录单位,可以在一个启动子以及操纵基因的控制下转录出能够用于指导相应的蛋白质合成的单个 mRNA 分子;这些编码蛋白质的结构基因和其调控元件在一起构成一个操纵子。

大肠杆菌的乳糖操纵子是第一个被发现的细菌基因操纵子,它包括了编码半乳糖苷酶、通透酶和乙酰转移酶的三个结构基因,这三种酶都被用于细菌的乳糖代谢活动;此外还包括了一个启动子和一个操纵基因;RNA 聚合酶结合到乳糖操纵子的启动子序列并开始转录,进而形成一条指导这三种酶合成的 mRNA 分子;乳糖操纵子上的操纵基因位于启动子序列之后,专门用来控制其转录活动:

---

① Stumpf MPH, Thorne T, de Silva E, et al. Estimating the size of the human interactome[J]. Proc Natl Acad Sci U S A. 2008, 105:6959-6964.

一种阻遏蛋白能够专一地与该基因序列结合,使得 RNA 聚合酶不能通过操纵基因区域,从而抑制了乳糖操纵子上结构基因的转录。阻遏蛋白则是由位于操纵子序列之外一个特定的调控基因所编码。当细胞在有乳糖的环境中生长时,乳糖能够与阻遏蛋白结合并消除其抑制作用,从而让乳糖操纵子的结构基因进行转录。在大肠杆菌的基因组中有 400 多个操纵子,众多基因都被以操纵子的方式组织起来。

原核生物基因组的操纵子结构使得基因调控变得相对简单,因为调控一个操纵子就能够调控多个基因的转录。操纵子的转录调控主要依靠转录因子。大肠杆菌拥有大约 300 个转录因子;这些转录因子与操纵子和调控基因等组成了细菌的基因转录调控网络。通过分析大肠杆菌的数据库,研究者发现 116 个转录因子影响了424 个操纵子,这些转录因子与其调控的操纵子之间产生了 577 个特定的相互作用;这些相互作用表现出了不同的调控模式,主要的调控基元(Motif)有三种:"前馈环"调控基元、"单输入"调控基元及"多输入"调控基元(图 5.1)[①]。

真核生物的基因组内没有操纵子,这可能与真核生物的基因组结构有关,一方面是真核生物的大多数基因是由内含子和外显子组成的断裂基因,另外一方面是真核生物基因组内具有大量的非编码

① Shen-Orr SS, Milo R, Mangan S, Alon U. Network motifs in the transcriptional regulation network of *Escherichia coli*[J]. Nature Genetics, 2002, 31: 64-68.

序列。然而，真核生物基因组的基因之间以及它们与调控元件之间的相互作用却相当复杂。不久前，研究者通过高通量基因遗传功能互作技术，构建了芽殖酵母全基因组内基因与基因之间的功能相互作用关系图谱，其中大多数基因之间都有着不同程度的相互作用，功能相近的或参与同一生物学活动的各个基因紧密互作而成为一个功能模块，同时各个功能模块之间也有着一定的相互作用[①]。也就是说，即使是简单的单细胞真核生物，其基因组内的各个基因之间都存在着广泛的相互作用。

在真核生物基因组的非编码序列里，不仅有许多直接调控基因表达的元件，如控制转录起始的启动子或促进转录活动的增强子（Enhancer），而且还有大量不同类型的调控元件，如长链非编码RNA(lncRNA)和微小 RNA(miRNA)。这些非编码序列构成的调控元件与基因之间有着复杂的相互作用，如 miRNA 和编码基因之间往往表现出"多输入"的调控摸式（图 5.1），即一个 miRNA 通常调控数个乃至数十个基因，同时一个基因的转录活动又可能接受多个 miRNA 的调控。如果再把转录因子以及 RNA 可变剪切等因素考虑进去，真核生物的基因表达调控网络显然远比原核生物的复杂。

---

① Costanzo M, Baryshnikova A, Bellay J, et al. The genetic landscape of a cell [J]. Science, 2010, 327:425 – 431.

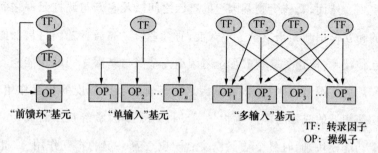

图 5.1　细菌基因转录调控网络的三种主要调控基元

真核生物基因组内还存在着一类"假基因"(Pseudogenes)，它们的序列与其对应的真基因序列非常相似，但由于存在着碱基的"缺失"或"插入"突变或者移码突变等各种序列变异而丧失了正常的基因功能。人类基因组有上万个这样的假基因，其中有相当一部分可以被转录成 RNA 分子。前面说过，miRNA 是通过与 mRNA 的结合来调控其表达活性的；由于假基因转录产生的 RNA 分子与对应基因的 mRNA 序列很相似，能够与后者竞争结合 miRNA，从而导致 miRNA 对其靶基因失去抑制作用。已经有过这方面的研究报道：肿瘤抑制基因 PTEN 对应的假基因 PTENP1 的表达可以促进 PTEN 的生物学活性，同样癌基因 KRAS 相关的假基因 KRAS1P 的表达能够促进 KRAS 的生物学活性[1]。换句话说，真、假基因以及非编码序列之间通过它们的 RNA 产物的互作形成了一个更为复杂的基因调控关系网络。

---

① Poliseno L，Salmena L，Zhang J，et al. A coding-independent function of gene and pseudogene mRNAs regulates tumour biology[J]. Nature，2010，465：1033 – 1038.

核酸和蛋白质等生物大分子之间的相互作用主要有两大类型，一类是结构型相互作用（Physical Interaction），另一类则是功能型相互作用（Functional Interaction）。前者是指分子之间有着稳定的直接结合行为，如一个 miRNA 与其调控的 mRNA 分子的结合，一个蛋白转录因子与 DNA 启动子序列的结合，或者两个蛋白质之间的结合。后者则强调各个因子之间的功能关系，如代谢网络中不同的酶之间通过反应底物和产物形成了代谢通路，细胞信号转导网络中不同的蛋白信号分子之间常常是通过磷酸化的方式进行信号的传递。结构型相互作用会引起功能性的变化，但功能型相互作用通常没有分子间的直接结合。不久前，研究者通过多个实验数据的整合，绘制出了 4300 个人类蛋白质之间近 14 000 个蛋白-蛋白直接相互作用图谱；从这个大规模的蛋白-蛋白直接相互作用图谱中，可以看到许多生理和病理的网络特征，如癌蛋白更有可能彼此相互作用，而不是与非癌蛋白发生相互作用[1]。

生物分子网络中各种基因或蛋白质分子（节点）之间的相互作用（连接）有其特定规律，它们既不是概率为零的绝对规则连接的网络，也不是概率为 1 的完全随机连接的网络，而是介于这两者之间。大多数生物分子网络通常会表现出一种基本特性——少数节点的连接数远高于平均的节点连接数，就如同互联网中的服务器。具有

---

① Rolland T, Tasxan M, Charloteaux B, et al. A proteome-scale map of the human interactome network[J]. Cell, 2014, 159:1212-1226.

这种特点的网络被称为"无标度网络"(Scale-free Network)。一项对动物、植物、微生物 3 大类型中 43 个物种的代谢网络的分析表明,它们的代谢网络均遵循着无标度网络的设计原则[①]。无标度网络属于高度非均一性的网络,具有真实网络中最常见的两个特性:增长和偏好连接。前一个特性表明无尺度网络可以不断地扩张,与生命在进化过程中不断增加生物分子的相互作用高度一致;第二个特性则意味着不同节点之间的连接能力的差异可以随着网络的扩张而增大,使得最初连接较多的节点可以形成更多的连接,产生"富者愈富"的"马太效应",提供了生物分子网络复杂度增加的形成机制。

5.1.2 分工合作的功能网

面对复杂多变的外部环境,生命表现出了很强的适应性,既能灵活地响应外界的刺激又能耐受外界的变化。生命的这种特性被称为"鲁棒性"(Robustness)。从网络的角度来看,要提高鲁棒性的最简单办法是多准备几套同样的部件,即通过增加"冗余度"(Redundancy)的方式进行。研究者发现,生物体内的基因组中许多基因具有两个或两个以上的拷贝。这种多拷贝的基因一方面有利于在进化过程中产生新基因,另一方面为机体的生命活动提供鲁棒性,当一个基因由于突变失去功能时,另外的拷贝可以进行补偿。

---

① Jeong H, Tombor B, Albert R, Oltvai ZN, Barabási AL. The large-scale organization of metabolic networks[J]. Nature, 2000, 407:651 - 654.

通过对酵母细胞单基因和多基因拷贝的缺失突变实验发现,双基因拷贝的功能代偿作用明显高于单基因。在酵母细胞里,估计有1/4左右的基因缺失突变因为双基因拷贝的代偿作用而不会发生表型变化。

然而,生物体提高鲁棒性更好的办法是形成生物分子网络,当一条路径不通时可以改换另一条路径。最典型的代表就是代谢网络,它如同纽约或上海的地铁网络,纵横交错、四通八达;每一种特定的代谢通路好比是一条地铁线,线上的每一站代表一种代谢产物,某些代谢产物往往成为连接不同代谢通路的节点。例如,生物体利用葡萄糖代谢获得能量的途径有两种:糖酵解和三羧酸循环。在缺氧条件下,机体启动糖酵解途径,葡萄糖分子在多种酶催化下转变成丙酮酸,并生成两分子 ATP,然后丙酮酸还原为乳酸。在有氧条件下,葡萄糖代谢产生的丙酮酸进入线粒体,氧化生成乙酰辅酶 A 并进入三羧酸循环,产生 30—32 个分子 ATP,最终被氧化成二氧化碳和水。可以看到,丙酮酸就是连接细胞两条能量代谢途径的关键节点。此外,脂肪酸和多种氨基酸可以在酶的作用下转化为乙酰辅酶 A 进入三羧酸循环,进而实现糖、脂肪和氨基酸间的相互转化;因此,乙酰辅酶 A 在三大营养物质的代谢网络中起着重要的枢纽作用。

显然,在代谢网络里也存在着冗余度,如那些作为枢纽的代谢物就可以被多条通路的酶所合成和利用;当某一负责合成这种代谢物的酶被阻断时,细胞还可以利用其他通路的酶去合成这种代谢物。一项针对 T 细胞的最新研究发现，由于冗余通路的补偿作用，对抑制功能冗余的酶所产生的毒副作用要远远小于对抑制同一通路内其他非冗余酶所产生的毒副作用[①]。该项研究工作还发现，特定的外部环境会改变代谢网络里冗余通路的活性，使得在正常情况下的冗余通路变得不再冗余；如果在这种特定环境下将这种失去冗余的位点进行抑制，就会对细胞产生明显的毒副作用[②]。

　　高等动物的大部分性状如血压和血糖都属于复杂性状。经典遗传学提出了一个得到广泛接受的"多基因模型"（Polygenic Model），用来解释基因与复杂性状之间的调控关系，即每一个特定的复杂性状通常要受到多个基因的直接调控作用；这些基因称为核心基因。随着生物分子网络的研究进展，越来越多的实验证据表明，基因组内的每个基因通常都与若干基因相互关联。不久前，美国科学家通过系统生物学理论和大数据分析，提出了一个新的模型——"全基因模型"（Omnigenic Model）——来解释基因是如何控制复杂性状的：在细胞内不仅存在对某个特定性状有直接作用的核心基因，而且存在着数量更大的与核心基因有相互作用的外围基因，这些外围基因对该性状具有间接的影响；尽管单个外围基因相比核心基因而言对复杂性状的作用是微小的，但由于这些外围基因的总数远远超过核心基因，因此来自众多外围基因的微小贡献对复

　　① Wu L, Hollinshead KER, Hao Y, et al. Niche-selective inhibition of pathogenic Th17 cells by targeting metabolic redundancy[J]. Cell, 2020, 182:1–14.
　　② Ibid.

杂性状的调控作用之总和有可能超过核心基因[①]。换句话说,这个"全基因模型"认为,由于各个基因间存在着广泛的关联和相互作用,因此基因组内每一个基因或多或少都对动物个体的每种复杂性状有所影响。

19 世纪法国生理学家贝尔纳(Bemard C)提出,高等动物有两种环境,一个是个体生存的外部环境,一个是机体的组织细胞生活的内部环境;内环境通常是由细胞外液(包括血浆、淋巴、脑脊液及其他组织间液)构成。内环境这一概念强调了"内外有别"——机体的内环境在其组成成分上不同于外环境;更重要的是,外环境时时刻刻处于变动之中,而内环境则始终保持着相对的恒定性。可以说,内环境的恒定性是机体生存和正常运行的必要条件,例如人体的体温通常总是保持在 37℃左右,过高和过低都会导致生病。1929 年美国生理学家坎农(Cannon WB)采用"内稳态"(Homeostasis)一词表述内环境恒定现象及其调节过程。坎农的内稳态概念强调的是"变与不变"的依存关系:"它之所以稳定,正是因为它是可变的——轻微的不稳定,是促使机体保持真正稳定的必要条件。"[②]也就是说,生物体的恒定性不同于矿物等非生物体的恒定性,后者通常是固定不变的;而前者则要通过对变化的动态调节来实现。

---

① Boyle E, Li YI, Pritchard JK. An expanded view of complex traits: from polygenic to omnigenic[J]. Cell, 2017, 169: 1177-1186.
② W. B. 坎农. 躯体的智慧[M]. 范岳年,魏有仁,译. 北京:商务印书馆,1980:7.

　　内稳态的形成和保持涉及机体的器官、组织和细胞等不同层面的参与，主要是通过不同细胞内的各种生物分子之间的相互作用来进行调节。哺乳动物的血糖浓度控制是保持机体内稳态的重要任务之一。通常情况下，机体进食后将食物消化转变为葡萄糖，并通过小肠吸收进入血液，导致血糖浓度升高；高血糖刺激胰脏组织内的胰岛 β 细胞分泌蛋白质激素——胰岛素——并进入血液，胰岛素作为信号分子激活肌肉细胞、肝细胞或脂肪细胞的胰岛素信号通路，使得这些细胞吸收血液中的葡萄糖，同时促进糖原、脂肪和蛋白质的合成，血糖浓度降回到机体的正常血糖浓度区间。反之，机体的血糖浓度在饥饿状态下降低，低血糖导致胰岛 α 细胞的胰高血糖素分泌增加；高浓度的胰高血糖素激活肝细胞相应的信号通路，促进肝糖原分解和糖异生作用，使血糖明显升高。由此可见，这些跨越了细胞、组织和器官的分子相互作用网络就像一只"看不见的手"，调节和维护着整个机体的内稳态。

　　内稳态的概念近年来得到了越来越多的重视，从代谢稳态扩展到了机体的各个方面，如免疫稳态等。值得强调的是，对内稳态概念的认同是对还原论指导下生命的"碎片化"研究的矫正；经典的分子生物学关注生物大分子的结构及其功能，而当前的系统生物学则关注生物元件构成的网络及其状态——生命系统的内稳态。

5.2　生命的软实力

20 世纪诞生的分子生物学刻画了这样一幅简单的生命图景：生命是由各种基因和蛋白质等分子"元件"组装而成的；其中，一个基因指导合成了一种蛋白质，一种蛋白质则用来执行一个特定的生物学功能。这些生物大分子"元件"可以称为生命世界的"硬实力"。在分子生物学时代，研究者的主要任务就是不断地去发现生命的各种基本"元件"，进而再深入地研究这些基本"元件"的结构和作用机制。人类基因组计划的完成宣告了那种以认识生命基本"元件"为主要目标的"碎片化"研究模式的结束，开启了一个全新的"后基因组时代"。在这个新时代，研究者对生命的构建和运行有了更为完整而深刻的认识，其中一个要点就是——尽管生物大分子是生命世界最基本、最主要的构件，但要把生命这样复杂的"机器"搭建起来并精确运行，还需要对这些生物大分子进行各种化学修饰。可以这样认为，生物大分子"元件"的化学修饰是生命的"软实力"。当前的生物学不仅研究生命世界的"硬实力"，而且也关注生命复杂机器运行的"软实力"。

5.2.1　分子网络的"连接线"

生物体内的核酸和蛋白质序列上拥有种类繁多的化学修饰，其中 DNA 的修饰类型比较少,估计不超过 10 种,最主要的是甲基化修饰;RNA 的修饰类型则超过了 100 种,最常见的也是甲基化;蛋白质的翻译后修饰类型最多,估计超过 400 种,常见的是磷酸化、甲基化、乙酰化、泛素化和糖基化等修饰;此外还发现了一些特殊的修饰,如氨基酸修饰和胆固醇修饰;还有许多类型的修饰尚待发现。生物大分子的化学修饰不仅种类多,而且被修饰的分子数量也非常大;以蛋白质的磷酸化为例,估计 75% 的人类蛋白质都被磷酸化;在"PhosphoSitePlus"等专门收集磷酸化数据的数据库中已经收集了 20 多万个蛋白质的氨基酸磷酸化位点。研究者最近通过大数据分析,筛选出了近 12 万个高可信度的磷酸化位点,并通过机器学习技术以结构、调控和进化等 59 种特征为依据对这些位点进行功能评分,从而构建了一个较为全面的人类蛋白质磷酸化组的功能图谱[1]。

　　生物大分子的化学修饰主要涉及三类蛋白质。第一类是修饰酶,称为"书写器"(Writer),负责催化修饰反应,把修饰基团/分子共价结合到被修饰的生物大分子上,如进行磷酸化的蛋白激酶和甲基化的甲基转移酶。第二类通常是去修饰酶,称为"擦除器"(Eraser),即将生物大分子上的修饰基团/分子移除,如去除磷酸基团的磷酸酯酶和去除甲基的去甲基化酶。第三类是能够识别携带

　　[1]　Ochoa D, Jarnuczak AF, Viéitez C, er al. The functional landscape of the human phosphoproteome[J]. Nat Biotech. 2020, 38:365－373.

着特定修饰基团/分子的生物大分子并与其发生相互作用的各种蛋白分子,称为"阅读器"(Reader),如 RNA 结合蛋白 YTHDC1 识别并结合到携带 m^6A 修饰的 mRNA 分子上,进而调控 mRNA 的可变剪接[1]。**显然,化学修饰之目的就是要提供一个特定的"连接信息",引导生物大分子之间发生相互作用。从这个意义上说,化学修饰就是生物大分子相互作用的"连接线"。**

从调控化学修饰反应的角度来看,"书写器"蛋白是最重要的,它们决定并启动了特定的化学修饰反应,其种类往往最丰富;"擦除器"蛋白相比之下重要性就要低一些,类型也相应比较少。例如,人类细胞拥有的蛋白激酶在 550 种左右,而磷酸酯酶则只有 100 多种[2]。蛋白激酶不仅种类多,而且常常是关键的调控因子,参与到许多生命活动的调控中,并能够把不同的生物化学反应整合在一起。例如,AMP 激活蛋白激酶(AMP-Activated Protein Kinase,AMPK)是动物体内能量代谢的主要调节因子,能够导致不同代谢途径中 100 多种蛋白质的磷酸化,进而影响碳水化合物、胆固醇、脂质和氨基酸的代谢以及线粒体功能、细胞自噬和生长等。反之,AMPK 的活性又受到多种激素和代谢信号的调控。在大多数情况

---

① Xiao W, Adhikari S, Dahal U, et al. Nuclear m^6A reader YTHDC1 regulates mRNA splicing[J]. Mol Cell 2016; 61:507 - 519.

② Lun XK, Szklarczyk D, Gábor A, et al. Analysis of the human kinome and phosphatome by mass cytometry reveals overexpression-induced effects on cancer-related signaling[J]. Mol. Cell 2019; 74:1086 - 1102.

下，当细胞内的能量分子 ATP 下降时，细胞内的 AMP 和 ADP 水平会升高，从而导致 AMPK 被激活；此外，AMPK 还能够被瘦素和脂联素等激素或者钙离子的增加而激活。由此可见，参与化学修饰的三类蛋白构成了一个复杂的分子相互作用网络。也就是说，**化学修饰不仅是分子间相互作用的"连接线"，而且也是分子相互作用网络的"连接线"**。

化学修饰在细胞信号传导网络里的"连接线"作用最为明显，因为在网络里的信号分子基本上是通过化学修饰的方式来传递信号，其化学修饰类型主要是磷酸化。下面举一个简单的例子——细菌的趋化性（Chemotaxis），即细菌能够感知外界环境中的化学物质浓度，或向食物分子浓度高的地方运动，或远离有毒分子的地方。这种趋化性活动是通过细菌特有的趋化性信号转导系统来实现的：当外部信号分子如葡萄糖结合到膜受体并使得膜受体的活性增加时，激活的膜受体和蛋白 CheW 二者共同与组氨酸蛋白激酶 CheA 结合，导致 CheA 将自身的组氨酸残基磷酸化，并迅速将这个磷酸基团传递给蛋白 CheY 的天冬氨酸残基，这种磷酸化修饰激活了 CheY，使得 CheY 结合到鞭毛的动力端，导致了鞭毛的旋转和翻滚运动，从而实现了细菌的趋化性运动；然后蛋白 CheZ 很快把 CheY 去磷酸化而消除了 CheY 的活性（图 5.2）。

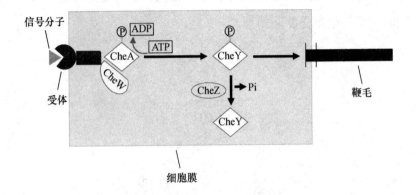

信号分子

受体

细胞膜

鞭毛

图 5.2 细菌趋化信号转导系统控制鞭毛运动示意图

　　动植物的细胞信号转导网络中化学修饰的传递过程和方式远比细菌的复杂,但其基本的传递模式是一样的,可以总结为:信号输入到上游蛋白(通常是蛋白激酶)激活该蛋白,引发对下游蛋白分子的磷酸化,实现了信号的传递;而通过磷酸酯酶将蛋白分子的磷酸化去除,则终止该信号的传递(图 5.3)。下游蛋白分子往往也是蛋白激酶,从而可以通过级联磷酸化反应进行信号传递。例如,在动物细胞常见的"丝氨酸/苏氨酸磷酸级联通路"中,细胞膜上的 G 蛋白耦联受体激活其下游的 C-kinase,C-kinase 磷酸化下游的 MAP-kinase-kinase-kinase,这个激酶又去磷酸化 MAP-kinase-kinase,MAP-kinase-kinase 再去磷酸化 MAP-kinase,然后 MAP-kinase 再去磷酸化其他蛋白激酶或其他类型的蛋白分子。需要指出的是,尽管磷酸化修饰是细胞用来传递信号的主要方式,但是细胞在一些特定的信号转导通路中也采用了其他类型的化学修饰进行信号的传递,如甲基化和泛素化。

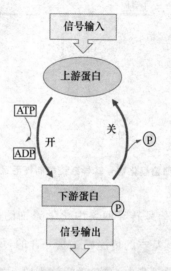

图 5.3 磷酸化信号传递的基本模式

经典生物学通常是用"通路"(Pathway)来描述细胞信号转导活动,如胰岛素信号通路、生长因子信号通路等。"通路"概念反映了一种线性思维:细胞通过受体接收外部信号,然后通过细胞内的蛋白激酶和其他因子将该信号逐步传递到预定的效应分子(如转录因子),进而产生了相应的生物学效果。而"网络"(Network)概念则体现了复杂性思维——各种信号通路之间往往相互耦联、相互影响,并且信息的传递不是单向的,而是通过反馈回路形成了双向的流动。这里举一个氨基酸浓度变化可以反馈到细胞信号传导网络的例子。中心法则指出,氨基酸作为底物通过氨酰 tRNA 合成酶参与到蛋白质合成。然而，中国科学家不久前发现，当细胞内某种氨基酸浓度升高时，它会结合与其对应的氨酰 tRNA 合成酶，并与特定的蛋白结合，进而把该氨基酸修饰到这个蛋白的赖氨酸残基上；这个被氨基酸化修饰的蛋白能够将氨基酸丰富程度的信息传递给细胞信号转导网络，并调控相应的代谢反应；如亮氨酸在其浓度升高的时候，可以通过亮氨酸 tRNA 合成酶去修饰重要的代谢控制复合体 mTORC1 上的蛋白 RagA/B，被亮氨酸修饰的蛋白 RagA/B 能够激活 mTORC1，导致蛋白质合成水平的增加；反之，亮氨酸在其浓度低时则没有这种氨基酸化修饰的发生[①]。也就是说，细胞可以通过氨基酸化修饰对信号传导网络的反馈作用来感知代谢物的丰度，进而影响其代谢反应。

5.2.2 生命活动的"控制盘"

基因的转录调控是一切生命活动的基础，化学修饰在其中发挥了非常重要的作用。已经广为人知的是，DNA 序列上的胞嘧啶甲基化修饰被广泛地用于基因的转录启始调控。此外，染色质上的组蛋白修饰也被公认为是转录调控的重要因素；在组成染色质基本单位核小体的 4 种类型的组蛋白上都鉴定出了各种各样的化学修饰，结合在各个核小体之间的组蛋白 H1 也同样被发现有过各种化学

---

① He XD, Gong W, Zhang JN, et al. Sensing and transmitting intracellular amino acid signals through reversible lysine aminoacylations[J]. Cell Metabol. 2017, 27:151 - 166.

修饰。进一步的研究还发现,DNA甲基化修饰和组蛋白修饰之间还有着复杂的相互作用,如组蛋白H3的甲基化可以招募DNA甲基化转移酶结合到染色质上,进而启动对DNA的甲基化活动。我们还要注意,参与转录活动的转录因子、RNA聚合酶以及其他辅助因子等各种蛋白质的活性都在一定程度上受到化学修饰的调控。

值得强调的是,转录产生的各种RNA分子也同样被进行广泛的化学修饰。tRNA的修饰程度最高,据统计,真核细胞中每一个tRNA分子平均有13个化学修饰;这些修饰控制着tRNA分子的折叠、稳定性、工作效率和细胞定位等;人类rRNA序列上拥有200多个修饰位点,对rRNA的修饰影响其功能与稳定性;其他类型的非编码RNA也常常发现有各种化学修饰,如负责剪切mRNA的内含子的"剪切复合体"里的剪切复合体RNA含有50个修饰位点,其中一些碱基上的化学修饰对mRNA剪切功能是很重要的[①]。

近年来,对mRNA的修饰及其功能研究成为研究热点,尤其是关于mRNA序列上腺嘌呤的甲基化——m^6A。在动物细胞内,m^6A是mRNA丰度最高的甲基化修饰,在人和小鼠的细胞中有一半左右的mRNA分子具有m^6A修饰;其主要功能是调控mRNA的稳定性和蛋白质翻译效率。大量的研究表明,m^6A在多种生命过程中发挥重要作用,涉及胚胎发育和个体生长等多种正常生命活

① Roundtree IA, Evans ME, Pan T, He C. Dynamic RNA modifications in gene expression regulation[J]. Cell, 2017, 169:1187-1200.

动,以及癌症发生发展等病理活动。除了 m^6A 外,人们也正在研究 mRNA 其他种类的化学修饰的机制和功能。人体细胞大约 20％的 mRNA 具有 m^1A 修饰;不久前的一项研究指出,这种 m^1A 修饰会引入一个正电荷,导致 mRNA 分子结构发生改变,进而与蛋白分子或者 RNA 分子间形成特定的相互作用;该实验还表明,起始密码子具有 m^1A 修饰的 mRNA 的蛋白质合成水平高于没有该修饰的[①]。

机体的所有代谢反应都要依靠各种蛋白酶的催化作用。在经典生物化学里,酶分子本身的主要调控方式是小分子,如别构效应物以及反应底物或产物。磷酸果糖激酶-1 是糖酵解途径中最重要的限速酶;该酶是一个别构酶,不仅具有与底物结合的部位,还具有与别构效应物结合的部位,可以通过别构调节方式控制其活性。1,6-二磷酸果糖、ADP 和 AMP 等是其别构激活剂,而柠檬酸和 ATP 等则为其别构抑制剂。非别构酶则往往是通过反应产物的反馈作用进行调节。三羧酸循环的主要产物是 ATP;因此,ATP/ADP 的比值是其主要调节物,如果 ATP/ADP 比值升高,将抑制三羧酸循环的第一个限速酶——柠檬酸合成酶的活性,从而可以降低三羧酸循环的速率;反之,ATP/ADP 比值下降则可激活这个酶,提升三羧酸循环的速率。

① Dominissini D, Nachtergaele S, Moshitch-Moshkovitz S, et al. The dynamic N1-methyladenosine methylome in eukaryotic messengerRNA[J]. Nature, 2016, 530: 441-446.

对负责代谢活动的蛋白酶的化学修饰过去关注得不是很多,但也有过一些发现。例如,哺乳动物细胞里催化丙酮酸成为乙酰辅酶A的丙酮酸脱氢酶是控制三羧酸循环的关键酶之一,它的活性可以受磷酸化的调控,当特定的磷酸激酶将其磷酸化后,该酶的活性就受到抑制,而当特定的磷酸酶将这个磷酸化修饰去除后酶活性就被恢复。中国科学家不久前证明,代谢酶的化学修饰其实是一个很普遍的现象,尤其是乙酰化修饰。研究者通过人类肝组织的修饰蛋白质组分析发现,参与糖酵解、三羧酸循环、尿素循环、脂肪酸代谢和糖原代谢路径中绝大多数酶的赖氨酸位点都被乙酰化,这种乙酰化修饰能够影响酶的功能或稳定性;此外,这种代谢酶的乙酰化状态还受到葡萄糖、氨基酸和脂肪酸等多种重要代谢物浓度的影响[①]。另一项研究还发现,酶的乙酰化还能够影响酶的磷酸化:糖原磷酸酶可以被磷酸化修饰激活而促进糖原的分解;反之,葡萄糖和胰岛素则会引发糖原磷酸酶赖氨酸位点的乙酰化;这种乙酰化增加该酶与蛋白磷酸酶1(PP1)的结合,使得PP1能够清除糖原磷酸酶的磷酸化修饰并使其失去活性[②]。换句话说,酶分子可以通过不同化学修饰之间复杂的功能性互作而进行精细的活性调控。

细胞增殖是生物体最基本的生命活动;在这个过程中,亲代细

---

① Zhao S, Xu W, Jiang W, et al. Regulation of cellular metabolism by protein lysine acetylation[J]. Science, 2010, 327:1000 – 1004.

② Zhang T, Wang S, Lin Y, et al. Acetylation negatively regulates glycogen phosphorylase by recruiting protein phosphatase[J]. Cell Metabol. 2012, 15:75 – 87.

胞的基因组 DNA 复制成两份拷贝,并通过有丝分裂的方式将两份拷贝分配到两个子代细胞内。细胞这种周而复始的增殖过程也被称为细胞周期,被划分为 DNA 合成期(S 期)和有丝分裂期(M 期),在 M 期结束后和 S 期开始前的间隙期称为 G_1 期,而在 S 期结束后和 M 期开始前的间隙期称为 G_2 期。美国科学家哈特韦尔(Hartwell L)和英国科学家亨特(Hunt T)、纳斯(Nurse P)通过一系列研究发现,推动细胞周期运行的动力主要来自于周期蛋白依赖性激酶(Cyclin Dependent Kinase,CDK);这类蛋白激酶能够在不同时相对相应的蛋白质进行磷酸化,这些蛋白质性质经此修饰而来的改变使得细胞周期的时相发生转换。例如,哺乳动物细胞的 CDK 在 G_1 期对一种称为"Rb"的蛋白进行磷酸化,释放 Rb 对转录因子 E2F 的抑制作用,使得 E2F 启动了一系列进入 S 期所必需的基因的表达,从而推动细胞进入 S 期。这 3 位科学家因发现了 CDK 这种"分子引擎"及其在细胞周期的作用机制而获得了 2001 年度诺贝尔生理学或医学奖。

在酵母等单细胞真核生物里,负责细胞周期的 CDK 通常只有一种,而在多细胞真核生物中参与细胞周期的 CDK 则有许多种。例如在人体细胞内,控制 G_1 期的主要是 CDK2、CDK4 和 CDK6;S 期和 G_2 期依赖于 CDK2;而 M 期则主要由 CDK1 负责。由于细胞周期的各个时相内有着不同事件发生,因此 CDK 活性受到一类被称为"周期蛋白"(Cyclin)的严格调节;在芽殖酵母中,虽然负责细胞周期的 CDK 仅有一种,但与它结合的周期蛋白却有 9 种之多,不同时相与不同的周期蛋白结合;而在哺乳动物细胞中,不同的 CDK 在细胞周期相应的时相中则与特定的周期蛋白相结合。CDK 的活性除了受周期蛋白的正向调节外,还受另外一类称为 CDK 抑制剂的蛋白质(CKI)的负向调节。如果把 CDK 视为细胞周期的"引擎",那么周期蛋白可以被认为是"油门",CKI 则是"刹车"。这三者组成了负责细胞周期运行的驱动装置。

　　细胞内的化学修饰调控方式往往是非常精细的,甚至是定量的。人们知道,细胞周期的时间长短在不同物种是不一样的,大肠杆菌的细胞周期大约是半小时,酵母细胞的在 2 小时左右,而人的肠表皮细胞的大约是 12 小时。那么,细胞周期时间的长短又是如何控制的? 一项研究提示,调控细胞周期的蛋白的磷酸化程度变化可以被酵母细胞用作控制其细胞周期的"计时器"。研究者发现,一种被称为 Sic1 的 CDK 抑制蛋白在酵母细胞 G_1 期里抑制着 CDK 的激酶活性,使得细胞不能进入 S 期启动 DNA 复制。Sic1 的氨基酸序列上有多个磷酸化位点,它们可以在 G_1 期里被慢慢地逐个进行磷酸化修饰;实验表明,5 个位点以内的磷酸化并不会引起该蛋白的结构变化,但 6 个位点或者以上的磷酸化则引起了该蛋白的结构改变,从而让一个叫 Cdc4 的蛋白能够结合到这个具有多磷酸化修饰的 Sic1 上;Cdc4 引导 Sic1 的降解,进而解除了 Sic1 对 CDK 的抑制作用,让细胞进入 S 期。研究者认为,Sic1 的多位点磷酸化修饰需要一定的时间,因此起到了控制 G_1 期时间长度的作用[①]。

在细胞周期分子调控机制中,化学修饰不仅控制着蛋白质的活性,而且还控制着蛋白质量的增加与减少。在细胞周期中,有许多蛋白质如各种周期蛋白需要在特定的时相进行合成或降解,用于蛋白质降解的是基于泛肽途径的蛋白酶系统;在这一途径中,待降解的蛋白质会被标记上一种有 76 个氨基酸残基的"泛肽"(Ubiquitin),然后被一种 26S 蛋白酶复合体所识别并予以降解。在动物细胞分裂的 M 期中,用于识别应该被予以降解的蛋白质并将其进行泛肽标记的蛋白质复合体称为 APC(Anaphase-Promoting Complex)。研究者发现,CDK 通过对 APC 的磷酸化来调节 APC 的活性,如果人为地抑制 APC 的磷酸化修饰,应该在这个时相进行降解的蛋白质就不能被降解,导致细胞周期的停滞。由此可见,蛋白质的合成与降解以及化学修饰等不同的调控方式之间能够相互制约或进行耦联,形成了一个复杂的细胞周期分子调控网络。

生物体在响应内外环境变化和执行生命活动时通常采用两种调控模式。一种模式是改变核酸分子和蛋白分子"零件"的数量和类型,另一种则是改变生物大分子的化学修饰状态。前者主要是通过转录和翻译过程产生新的蛋白质,或者通过降解途径消除现存的生物大分子;例如,大肠杆菌乳糖操纵子在环境中出现乳糖的情况

---

① Nash P, Tang X, Orlicky S, et al. Multisite phosphorylation of a CDK inhibitor sets a threshold for the onset of DNA replication[J]. Nature, 2001, 414:514－521.

下被诱导合成大量糖代谢的酶分子,而当除去乳糖之后代谢酶的合成停止,相应的 mRNA 被迅速降解。显然,这种调控模式需要消耗许多物质和能量,并且对内外环境变化的响应也比较慢。而基于化学修饰的调控模式就不一样了。首先,化学修饰的调控常常只需要加一个或减一个小小的化学基团就可以了,可以大大节约物质和能量;其次,化学修饰通过"书写器"和"擦除器"的配合形成了高度可逆的调控方式,如蛋白激酶与磷酸酯酶或甲基转移酶与去甲基化酶;此外,化学修饰的多样性提升了调控的精细度和选择空间,如组蛋白 H3 尾部的 50 多个氨基酸残基上有 20 多个可以被修饰,其中有几个氨基酸在同一个氨基酸上可发生 10 多种修饰;还有最重要的一点,化学修饰对环境变化和信息响应非常快,如细胞利用蛋白质磷酸化来传递信号的速度往往是以秒来计算。可以这样认为,生命作为开放的动力学系统,时刻与内外环境紧密互动,随时进行各种生命活动的调整与改变,这一切的实现都离不开生物大分子化学修饰的参与。

5.3 一切源于偶然

"不确定性"可能是生命与非生命物体最根本的区别。所有非生命的东西,不管是化学系统,还是物理系统,大多是确定性的。尽管生命在分子生物学时代被视为确定性的"机器",严格按照物理和

化学的规律运行;但是,在后基因组时代,生命被认为是高度动态的
开放系统,具有很大的不确定性。这种不确定性源自组成生物体的
生物大分子及细胞的高度不均一性;源自生命内部各种元件之间非
线性的相互作用;源自生物体内部生物大分子数量和丰度上存在的
各种随机扰动;源自生物体从分子层次把不同分子组装形成细胞,
进而又从细胞层次产生组织器官乃至个体时不断"涌现"出来的新
性质或新功能,即"整体大于部分之和"。

5.3.1 镶嵌的生命

多细胞生物个体最初都是起源于一个细胞;对二倍体生物而言
是来自单个的受精卵,这个细胞在个体发育过程中,一方面以细胞
分裂方式进行细胞数量的扩增,另一方面通过细胞分化的方式增加
细胞的类型。例如,在发育成完整个体的人体中,其体细胞总数估
计有 30 万亿到 60 万亿个,而细胞类型则达到 200 多种。在体细胞
扩增的过程中,通常是采用 DNA 复制机制将亲代细胞的基因组完
整地复制为两份拷贝,然后通过有丝分裂的方式再把这两份拷贝分
别完整地传递给两个子代细胞。因此,经典生物学认为,多细胞生
物体的构成满足两个"同一性"原则。原则一:个体内所有体细胞的
基因组都具有同样的 DNA 序列;原则二:个体内同一组织内同一
类型细胞都具有同样的形态结构和功能。然而,今天的生物学研究
却发现了诸多违背这两个同一性原则的生物学现象。

一般认为,细胞内的 DNA 复制过程属于"高保真",细胞会严

格按照碱基配对原则进行基因组拷贝的合成，即使偶尔在复制过程中出现一点微小错误，细胞还准备了若干种修复方法来修正错误。据估计，平均每合成 10^{10} 个碱基只会产生一个配对错误。但是，近年来的研究指出，尽管犯错的概率非常低，体细胞在其复制过程中依然产生了少量的复制错误，并可以随机传递到下一代细胞；需要指出的是，这些随机产生的复制错误可以通过一代代细胞的传递积累起来，细胞分裂的次数越多，其后代细胞内积累的复制突变就越多。不久前，研究者对正常人体胚胎前脑组织的细胞进行了单细胞全基因组测序，计算出了受精卵起初 5 次分裂过程中的细胞突变率——每个细胞在每次分裂过程中平均产生 1.3 个单核苷酸变异（Single-Nucleotide Variations，SNVs），导致了在这个发育阶段产生的细胞群体中，每个细胞的基因组里含有平均 200—400 个单核苷酸变异；研究者还指出，在胚胎发育的后期，由于氧化损伤作用导致突变率还会进一步增加[1]。也就是说，正常的胚胎发育过程所产生的体细胞群体中，不同的体细胞基因组具有许多随机突变的碱基，使得体细胞群体形成了彼此之间 DNA 序列不一致的"镶嵌型"（Mosaicism）基因组。

除了在细胞增殖过程中 DNA 序列会产生随机突变，机体内的体细胞在不同的外部环境影响下通常也会被诱发各种随机变异。

---

[1] Bae T, Tomasini L, Mariani J, et al. Different mutational rates and mechanisms in human cells at pregastrulation and neurogenesis[J]. Science, 2018, 359:550-555.

例如,抽烟会引发体细胞的基因变异,不久前一项研究系统地分析了抽烟与肿瘤细胞基因组变异的关系,从定性和定量的角度来看,抽烟患者的癌细胞的碱基置换和插入缺失突变等基因变异数量和种类要明显高于不抽烟的患者。另外一项研究发现,太阳光中的紫外线照射能够引起正常人体皮肤的上皮细胞基因组发生突变,每个体细胞基因组中大约每 1 百万碱基平均出现 2—6 个突变。显然,这些被外部环境诱导而随机形成的体细胞突变,也必然是让不同体细胞之间产生镶嵌型基因组序列的一个主要原因。

　　机体的体细胞群体中不同细胞的基因组之间不仅存在点突变等微小的体细胞突变,而且还广泛存在着较大的体细胞染色体结构差异,如基因拷贝数变异(Copy Number Variant,CNV)和大片段基因组 DNA 缺失或者扩增。通过单细胞测序技术对人脑部额皮质的神经细胞基因组分析发现,13％到 41％的神经细胞基因组内含有大量在细胞分裂过程中新产生的 CNV。此外,研究者通过人体皮肤细胞的基因组分析发现,大约 30％的人体成纤维细胞的基因组内具有许多体细胞来源的 CNV。一项研究工作报道,有丝分离过程通常会导致染色体结构差异,这类染色体不稳定性在人类胚胎早期发育过程中很常见,不仅在受精卵早期分裂阶段的各个细胞里发现了具有非整倍体的基因组,而且在随后的分裂球的细胞内也可以看到各种大片段基因组 DNA 缺失或者扩增,表明在人类早期胚胎的体细胞群体中,不同细胞的基因组是高度不均一的镶嵌型基因组[1]。

研究者发现,导致细胞分裂过程中产生染色体结构差异的主要因素是能够在基因组内移动的"反转座子"(Retrotransposon)。在人类基因组的序列中,由名为 L1、Alu 和 SVA 的 3 种类型反转座子组成的 DNA 序列超过了 50%。研究者利用一种专门针对反转座子序列的测序技术,分析了人脑不同部位细胞的反转座子的插入情况,鉴定到 7000 多条体细胞 L1 插入,13 000 多条体细胞 Alu 插入和 1000 多条体细胞 SVA 插入;由于这些反转座子在编码基因序列不同位置的插入,导致了脑部体细胞基因组的"镶嵌性"[2]。据估计,大约有 44%—63% 的正常人脑组织细胞受到反转座子插入的影响。也就是说,反转座子在细胞分裂过程中的随机插入导致了机体各种体细胞普遍携带了具有大大小小 DNA 片段差异的镶嵌型基因组。

按照发育生物学的观点,多细胞生物在其组织和器官形成过程中,每一种特定类型的体细胞通常都是由同一干细胞或祖细胞沿着同一细胞分化路径产生的;所以在该组织的同一细胞类型中所有细胞应该是高度一致的。根据这种"细胞同一性"原则,胰岛组织中负

---

① Vanneste E, Voet T, Caignec C, et al. Chromosome instability is common in human cleavage-stage embryos[J]. Nature Medicine, 2009, 15:577 - 583.

② Baillie J K, Barnett M W, Upton K R, et al. Somatic retrotransposition alters the genetic landscape of the human brain[J]. Nature, 2011, 479:534 - 537.

责分泌胰岛素的β细胞群体中的细胞应该是彼此相同的。但是,不久前的一项研究发现,成年小鼠的胰岛β细胞可以根据一种Flattop蛋白的表达与否分为两个亚群,其中不表达这个蛋白的β细胞数量占β细胞总数的20％左右;研究者认为,不表达该蛋白的属于未成熟的β细胞,因为它们对葡萄糖刺激的响应与表达该蛋白的β细胞相比要差很多[1]。由此可以看到,组织中同一类型的细胞并不服从细胞同一性原则,每种细胞类型可能都是由高度不均一的细胞群体所组成,表现出组织的细胞镶嵌性。换句话说,多细胞生物组织上每种类型的细胞群体中不同细胞之间存在着差别,而这种同类细胞间的差别与机体的生理或者病理活动是紧密相关的。

细胞类型的最主要特征是其特定的基因表达谱,不同的细胞类型具有不同的基因表达谱。但是,过去由于研究技术的限制,研究者不能够分析同一细胞类型中不同细胞之间的基因表达谱。根据细胞同一性原则,人们倾向于相信,在同一组织的同一种类型细胞群体中,每个细胞具有的基因表达谱是高度一致的。随着核酸测序技术的进步,研究者今天能够在单细胞水平上分析基因表达谱。这种单细胞RNA测序技术为人们认识组织细胞间的不均一性提供了有力的分析工具。例如,研究者不久前分析了人体肝组织近10000个单细胞基因表达谱,在2500多个肝实质细胞

---

① Bader E, Migliorini A, Gegg M, et al. Identification of proliferative and mature β-cells in the islets of Langerhans[J]. Nature, 2016, 535:430-434.

(Hepatocytes)的 3300 多个基因的表达中,有 41% 的基因表现出在肝脏不同空间位置分布的表达差异,表明这些肝实质细胞之间存在着高度的异质性[1]。也就是说,如果我们按照单细胞基因表达谱的差别来划分细胞种类的话,那么人体的细胞种类就不再是 200 多种,而将是成千上万种,甚至更多。

在多细胞生物从胚胎发育到个体生长、再到个体衰老的过程中,同一细胞类型中的不同细胞也常常会形成不同的差别。我国科学家通过单细胞 RNA 测序技术对人类胚胎期肾脏发育过程中的细胞进行了分析,发现从胚胎早期到晚期的发育过程中,一类称为帽状间质细胞的细胞群体可以分为两个亚群,一群表现出干细胞自我更新相关的基因表达特征,另一群则表现出肾脏上皮细胞的基因表达特征。对不同年龄的小鼠免疫细胞的单细胞测序发现,在年轻老鼠的同类型免疫细胞中,各个细胞之间的基因表达谱基本一致,没有明显的差异;但是,在老年鼠的同类型免疫细胞中,各个细胞之间的基因表达差异则明显增加。这些结果表明,机体的组织细胞的镶嵌性并不是一种静态的特征,而是随着生命的发育生长过程进行着动态的改变。

由此可以看到,随着研究技术的发展,尤其是单细胞分析技术的出现,研究者对机体中细胞群体的分析精度大为提高,进而认识

---

[1] Aizarani N, Saviano A, Sagar, et al. A human liver cell atlas reveals heterogeneity and epithelial progenitors[J]. Nature, 2019, 572:199-204.

到传统观念——从两个同一性原则来理解和解释多细胞生物的细胞构成——过于简单化。为此,英美科学家牵头启动了一个名为人类细胞图谱的国际大科学计划,其目标是从分子水平来精确分析和确定人体的所有细胞类型。需要指出的是,**这种技术的进步实际上是否定了基于还原论的确定性思维模式,提醒人们要从不确定性的角度认识生命的复杂性——组成个体的体细胞基因组里广泛存在着许多随机的变异;而且同一组织细胞类型里不同细胞之间的基因表达谱和蛋白质组分也往往有着许多动态的差异。**

5.3.2　随机的生命

20 世纪诞生的分子生物学让研究者能够进入到分子层面去研究和理解生命。在那个时代,研究者对生命的研究和理解偏重于定性——发现基因和蛋白质的类型、分析它们的结构和功能。可事实上,生物大分子的数量变化是不能被忽略的,细胞里存在的每一种生物大分子都拥有着或多或少的分子拷贝数,例如,肌动蛋白的分子拷贝数可能达到数百万个,而某些转录因子的分子拷贝数可能只有几十个。可以这样说,在细胞内不存在只有一个分子拷贝的生物大分子种类;每一种生物大分子在细胞里都是一类分子集合体,即具有一定的浓度,而且浓度及其改变与生命活动是紧密相连的。**当我们研究生物大分子的行为和功能时,不仅需要对它们进行定性研究,而且需要进行定量研究。**

生物大分子首先在数量方面存在着随机的变化,不仅特定的生

物大分子有特定的浓度，而且其分子浓度通常是处在动态变化之中。在细胞里的每一个时刻，总会有一些 RNA 或者蛋白质分子被降解，同时又总是有一些在合成中。也就是说，一种生物大分子的分子拷贝数存在着一定的波动。还要强调的是，在同一种生物大分子集合体内，并不是每个分子的活性是完全一样的，有的分子活性会高一点，有的则可能低一点。造成这种相同分子之间活性差异的原因有很多，化学修饰往往就是一个主要因素；假设有一种 mRNA 或者蛋白质拥有成百上千个拷贝，如果要对这些分子拷贝上的某个位点进行一个特定的化学修饰，往往在修饰过程中某些分子没有被修饰上，或者修饰的位点不一样；这些在修饰过程中存在着差别的分子显然也可能造成分子活性的差别。化学修饰造成分子活性差别还比较容易理解，而生物体有时产生分子活性差别的方式会超出人们的预料。过去人们认为，在每次转录活动中，按照同一个起始密码和同一个终止密码的标准，在同一个基因上合成出来的所有 mRNA 拷贝（称为转录本）的序列长度应该是一样的。但是，不久前一项对酵母细胞 mRNA 链的序列分析发现，许多编码基因竟然出现了这样的反常现象——同一个基因表达出来的转录本彼此之间核苷酸序列长度有着明显的差别，平均一个编码基因可以产生 26 种序列长短不一的转录本"同型物"（Isoforms）；以至于研究者这样总结道：同一个基因转录本长短不一的现象看起来是一种规律而不是一个例外①。

这种生物大分子组分在数量和活性上具有的随机波动性被称为"生物学噪音"(Biological Noise)，主要表现在基因转录和蛋白质翻译过程中。研究者发现，在原核细胞中，噪音对基因转录的影响不大，主要是影响蛋白质的合成水平；而在真核细胞中，噪音则可以显著地影响基因表达水平。通常把生物学噪音的来源分为两种：外在噪音(Extrinsic Noise)和内在噪音(Intrinsic Noise)。前者主要是由于同一种类细胞之间全局性的"个体差异"所导致的基因表达水平和蛋白质合成水平的波动。后者则是指细胞内基因转录和蛋白质翻译等生物学反应中产生的随机扰动，如启动子激活和灭活时间响应的快慢差异，或者合成反应和降解反应的速率差异等；这些内在噪音也同样也能够导致 mRNA 或者蛋白质丰度的随机变化。

生物学噪音导致的一个重要生物学现象就是，基因表达水平与蛋白质合成水平之间的数量关系属于相关性不高的非线性关系。过去人们认为这二者的丰度变化关系是线性的，即基因转录产生的 mRNA 拷贝数多，则相应的蛋白质合成水平就高；反之，前者少的时候后者也少。但是，在对酵母细胞、大鼠和人体肝细胞等不同种类生物体的转录组和蛋白质组分析中，研究者观察到，mRNA 表达水平和相应的蛋白质丰度之间的相关性并不高。不久前，一项对大肠杆菌的单分子研究发现，基因表达水平和蛋白质表达水平一方面

---

① Pelechano V，Wei W，Steinmet LM. Extensive transcriptional heterogeneity revealed by isoform profiling[J]. Nature，2013，497：127-131.

受到不同细胞间整体差异之外部噪音的影响,另一方面还受到细胞的内部噪音的影响,导致二者的浓度呈现非线性关系;研究者由此得出这样一个结论:"对任何一个给定的基因而言,在单个细胞内的蛋白质拷贝数和 mRNA 拷贝数之间没有相关性"[①]。这种非线性关系为确定细胞类型和研究细胞功能带来了挑战。现在的细胞分型基本是利用单细胞转录组测序技术发现的基因表达差异来确定,如果同时测量其相应的蛋白质表达水平,发现二者的丰度关系不一致甚至是相反时,又应该按照什么标准来进行细胞的分型?

"噪音"通常被视为一个带有负面含义的词。对生命而言,它意味着在基因转录和蛋白质翻译等重要的生命活动中存在着一种不确定性的扰动,对生命是没有好处的,应该要被消除的。但是,现有的研究表明,**生命中的噪音不仅难以消除,而且对生命也有着积极的意义,常常具有许多重要的生物学功能**。一般而言,在 DNA 复制过程中,生物学噪音往往引发随机突变的产生,为生命的演化提供原材料;在细胞信号转导过程中,生物学噪音可以利用细胞的正反馈机制来放大信号,从而帮助细胞做决定;生物学噪音在生物体的节律性(生物钟)的调控方面也扮演了重要的角色。此外,虽然生物学噪音可以由细胞间的差异产生,但生物学噪音同时可以用来维持和加强细胞的个体差异特征;最近一篇文章系统地总结了植物细

---

① Taniguchi Y, Choi PJ, Li GW, et al. Quantifying E. coli proteome and transcriptome with single-molecule sensitivity in single cells[J]. Science, 2010, 329: 533－538.

胞里基因表达噪音的生物学功能,指出基因表达噪音能够帮助植物
在发育和生长过程中产生不同类型的细胞,同时还允许一部分植物
细胞随机进入环境应激准备状态,进而为植物提供了一种应对环境
变化的新型适应机制[①]。德国研究者不久前发展了一种新型的算
法,可根据单细胞 RNA 测序数据对基因表达变异进行定量分析,
能够在不同细胞类型或细胞状态的细胞混合物中,揭示出参与细胞
状态转换的转录因子噪音活性;利用该方法确定了小鼠骨髓中控制
血细胞发育的重要转录因子的基因表达噪音是如何调节细胞命运
的[②]。当前,对生物学噪音的认识及其对生命活动影响的研究正在
成为一个新的科学前沿,有研究者甚至称之为"噪音生物学"(Noise
Biology)。

　　19 世纪的法国数学家拉普拉斯(Laplace PS)是科学史上倡导
决定论的著名人物;他于 1814 年提出了"拉普拉斯妖"的假设:如果
一个智者知道宇宙中每一个原子确切的位置和动量,并能够对这些
数据进行分析,就能够用物理定律来展现宇宙中所有事件的全过
程,从过去到未来。基于还原论的生物学可以比喻为"拉普拉斯妖"
在生命研究领域的翻版——生命是一架严格遵循物理化学规律的
决定论机器,只要知道的信息足够多、足够精确,就可以认识和控制
生命的一切活动,就能够消灭危害人类的所有疾病。可以说,在分

---

① Cortijo S, Locke JCW. Does gene expression noise play a functional role in plants? [J]. Trends Plant Sci. 2020,25:1041-1051.

② Grün D. Revealing dynamics of gene expression variability in cell state space [J]. Nature Methods,2020,17:45-49.

子生物学基础上搭建起来的现代生命科学"生活"在一个决定论的世界里面,研究的目的就是要找到生命现象背后的确定性。在生物学中通常把这种确定性称为"机制"(Mechanism)。但是,纵观地球上生命的发展过程,却是一部充满了偶然性和创造性的演化史;生物体作为一个开放的非线性复杂系统,通过不断与充满不确定性的环境进行相互作用,从早期最简单的原核细胞形式涌现出了今天如此丰富多彩的生命样式。从这个意义上说,**生物学面临的最大挑战是,来自研究者的决定论思维与生命的偶然性特征之间的冲突。**

推荐阅读书目

生物学专著类

1. W. B. 坎农(Cannon W. B.):《躯体的智慧》,范岳年、魏有仁译,商务印书馆,1980。

2. 达尔文(Darwin C.):《物种起源》,周建人、叶笃庄、方宗熙译,商务印书馆,1981。

3. T. 杜布赞斯基(Dobzhansky T.):《遗传学与物种起源》,谈家桢、韩安、蔡以欣译,科学出版社,1982。

4. 埃尔温·薛定谔(Schrödinger E.):《生命是什么》,罗来鸥、罗辽复译,湖南科学技术出版社,2003。

生物学普及类

1. 霍勒斯·贾德森(Judson H. F.):《创世纪的第八天》,李晓丹译,上海科学技术出版社,2005。

2. J. D. 沃森(Watson J. D.):《双螺旋 发现 DNA 结构的故事》,吴家睿评点,科学出版社,2006。

3. 吴家睿:《后基因组时代的思考》,上海科学技术出版社,2007。

4. 弗兰西斯·柯林斯(Collins F. S.):《生命的语言》,杨焕明等译,湖南科学技术出版社,2010。

5. 理查德·道金斯(Dawkins R.):《自私的基因》,卢允中、张岱云、陈复加、罗小舟译,中信出版社,2012。

6. 克雷格·文特尔(Venter J. C.):《生命的未来》,贾拥民译,浙江人民出版社,2016。

7. 尼克·莱恩(Lane N.):《生命的跃升》,张博然译,科学出版社,2018。

生物学历史类

1. 亨斯·斯多倍(Stubbe H.):《遗传学史——从史前期到孟德尔定律的重新发现》,赵寿元译,上海科学技术出版社,1981。

2. 亨利·哈利斯(Harris H.):《细胞的起源》,朱玉贤译,生活·读书·新知 三联书店,2001。

3. 米歇尔·莫郎热(Morange M.):《二十世纪生物学的分子革命——分子生物学所走过的路》,昌增益译,科学出版社,2002。